比尔·盖茨给青少年的人生忠告

肖　光◎编著

中国纺织出版社

内 容 提 要

本书详细地介绍了比尔·盖茨是怎样从一个充满好奇心的青少年成长为改变世界的时代偶像的过程，以叙述加解读的方式为青少年在追逐梦想、培养习惯、调适心态等方面提供建议和方法，有助于青少年树立坚定的人生信念及积极的人生态度，并最终在各自的人生道路上收获成功。

图书在版编目（CIP）数据

比尔·盖茨给青少年的人生忠告／肖光编著. --北京：中国纺织出版社，2014. 7（2023.6重印）
ISBN 978-7-5180-0604-5

Ⅰ.①比… Ⅱ.①肖… Ⅲ.①成功心理—青少年读物 Ⅳ.①B848.4-49

中国版本图书馆CIP数据核字（2014）第078036号

策划编辑：郝珊珊　　特约编辑：徐　晶　　责任印制：储志伟

中国纺织出版社出版发行
地址：北京市朝阳区百子湾东里A407号楼　邮政编码：100124
销售电话：010—87155894　传真：010—87155801
http：//www.c-textilep.com
E-mail：faxing@c-textilep.com
官方微博http://weibo.com/2119887771
永清县晔盛亚胶印有限公司印刷　各地新华书店经销
2014年7月第1版　2023年6月第3次印刷
开本：710×1000　1/16　印张：14
字数：126千字　定价：78.00元

前言

对于青少年来说，拥有梦想是他们最大的骄傲。但并不是每个人都有足够的信心和耐心坚持不懈地努力，直到自己的梦想开花结果。在实现梦想的道路上，他们或许会遭遇打击嘲讽甚至谩骂，或许会因一次次跌倒而心灰意冷甚至一蹶不振。在他们实现梦想的道路上，特别需要从一些能够给他们信心和鼓励的榜样身上汲取力量，比尔·盖茨无疑是一个很好的范例。

截至2013年，比尔·盖茨已经第14次坐上全球首富的宝座了。虽然财富并不是衡量一个人成功与否的唯一准绳，但是比尔·盖茨从13岁开始就埋藏在心中并且一步步构筑的理想王国让他成为无数青少年眼中的筑梦者。

或许许多正怀揣着梦想的青少年们会为比尔·盖茨出色的才华、从哈佛退学的勇气和与朋友合伙创业的毅力所折服，甚至想要模仿他那些看似离经叛道的行为，错误地认为这才是他成功的核心。而实际上，在比尔·盖茨的人生中，每一步路都是他经过深思熟虑的结果，都是为了更好更快地实现心中的梦想。

比尔·盖茨身上有许多值得青少年学习的品质，比如从小确立志向、以兴趣主导工作、为梦想执着追求、坚定不移地自我信仰和寻找志同道合的合伙人及搭档等。这些正是青少年在实现梦想的过程中急需汲取的养分。

本书希望通过讲述比尔·盖茨的追梦经历给青少年一些有关实现梦

想的启示。第一、二章主要介绍比尔·盖茨儿时和读书时期的兴趣爱好和个性习惯情况，帮助青少年了解比尔·盖茨的成长经历和心智成长；第三、四章则围绕微软公司建立之前的机会和遭遇的困境，帮助青少年了解微软成立的艰辛过程；第五、六、七章讲比尔·盖茨在员工管理、竞争与合作方面的管理经验，让青少年在这些管理经验中领会到成功者应有的气度和素质；第八、九、十章则集中表现比尔·盖茨在不断追求卓越过程中对创新、机遇的认识和应对失败的方法，告诉青少年在实现梦想的过程中应该如何在失败和困境中看到机遇；最后两章则讲述比尔·盖茨调整心态的方法，展现成功者的求变和知足。以上各章不仅仅是对比尔·盖茨追求、经营、完善梦想整个过程的介绍，更希望通过语录引用、正文和作者手记这三部分体例帮助青少年更好地理解比尔·盖茨是如何鞭策自己为了梦想坚持不懈，直至实现梦想。

或许比尔·盖茨的成功的确有着先天智力的优势和机遇的眷顾，但是我们仍然可以复制他身上的闪光点帮助自己实现梦想。青少年无论在身体上还是心智上都还没有定型，更容易受到榜样的精神感染，希望青少年可以通过这样一本书对比尔·盖茨有更加深入的了解，同时也在这本书中找到自己的成功密码。

编著者

2014年6月

[第一章]

微软做到了最好，是因为我追求卓越

[第二章]

从哈佛退学，不代表我否定学识的重要性

[第三章]

生活本来就不公平，傻瓜才抱怨它

[第四章]

野心让人像保时捷959，总能保持强大的驱动力

[第五章]

微软是一流的公司，为网罗一流的人才不遗余力

[第六章]

我的成功有一大半要归功于那些好搭档

[第十章]

每一样更新升级，都是无数个bug促成的

[第十一章]

保持与众不同，以变化应对变化的世界

[第十二章]

富有不代表一定幸福，金钱不是幸福的等价物

第一章

微软做到了最好，是因为我追求卓越

我，就是最棒的

“我应为王。与其做一株绿洲的小草，还不如做一棵突丘中的橡树，因为小草毫无个性，而橡树昂首天穹。”

比尔·盖茨从小就与众不同。他在还是一名小学生的时候，就不像大多数好学生那样专心听讲，认真做笔记，也不会按时完成家庭作业。这个奇怪的少年并不是不愿意引起别人的注意，相反，他还乐意在众人面前表现，他是在用一种独特的方式告诉周围的人：比尔·盖茨是与众不同的，他是最优秀的少年。那时候在班里为了吸引别人的注意，比尔·盖茨甚至会用扮丑角的方式吸引大家的眼球，他认为那是一种“很酷”的方式，能够引起别人的注意让他觉得很骄傲。后来他成功达到了吸引人眼球的目的，他创立了令世人瞩目的微软帝国，这是后话。

很多盖茨儿时的同学、伙伴回忆起来都会说：“比尔·盖茨不管做任何事情，要么不做，要么就做到最好。不管是学习乐器还是写作文，只要他决定的事情，就会倾注自己全部的精力和时间去做。”比尔·盖茨的童年好友爱德蒙德说：“不管做什么，他都要弄个登峰造极，不到极致，他绝不甘心。不管做什么，他都要比别人做得更好，他一直追求最好。”

比尔·盖茨的这一特质，很多人都知道。现在他的小学老师还对他写作文的事情记忆犹新。

在比尔·盖茨读四年级的时候，老师布置了一个作文题目，要求学生写出人体的特殊作用，并且篇幅要长达四五页，这对于四年级的孩子来说并不是一件十分容易的事。当其他的孩子为凑足四五页的篇幅而苦苦思索时，小小比尔·盖茨凭借自己的丰富知识加上查阅了大量的相关资料，最终洋洋洒洒地写了三十多页，得意洋洋地交给了老师。而另外一次，老师要求学生写一个不是很长的故事，结果比尔·盖茨写出的故事长达一百多页。他那天马行空的想法，让同学和老师都为之惊叹。

当时很多生活在比尔·盖茨周围的人对比尔·盖茨的做法觉得不可理解，觉得小小年纪就爱出风头未必是一件好事。但是盖茨用他的成功证明了，就要出风头，就要做第一。他认为不论什么行业、什么工作，既然值得做，就应该做到最好。韦尔奇说：“要去摘星星，而不是沉迷于‘令人厌烦的’小数点。”当你选择了一份工作的时候，你也在选择一种生活方式：你可以选择凑凑合合地把活干完，让别人在背后指责你；也可以选择把工作做得漂漂亮亮的，用行动赢得别人的喜爱和尊重。

想要成功，想要取得令别人羡慕的成绩，要成就事业、创造财富，就必须最大限度地发挥自己的才能，尽最大努力把事情做好。所谓“谋事在人，成事在天”的真实意义应该是“谋事在人，成事亦在人”，要时刻叮咛自己，自己可以做得更好，要把最好作为自己做事情的动力和目标。

比尔·盖茨总结现代职场中出现的问题，他认为很多企业的员工凡事得过且过，做事做不到最好。主要表现是做事做不到位，在他们的工作中经常会出现这样的现象：5%的人看不出来是在工作，无精打采、心不在焉、偷懒犯困，一下班就不见人影；10%的人正在等待着什么，被动地接受老板的吩咐；20%的人正在为增加库存而工作，把简单问题复杂化，把工作做成一锅粥，整天一团混乱；10%的人没有对公司作出贡献，虽然在做，却是负效劳动；40%的人正在按照低效的标准或方法工作，缺乏灵动的思维和灵感，永远忙乱，永远到最后才完成任务；只有15%的人属于正常，但绩效仍然不高，并没有踏踏实实、全力以赴。

青少年迟早都会踏上工作岗位，都会有自己的职责，社会上每个人的位置不同，职责也有所差异，但不同的位置对每个人都有一个最起码的做事要求，那就是做事做到位，要做就做到最好，否则就不如不做。

青少年们应该明白无论自己在哪里工作，都要尽自己最大的努力，全力以赴把工作做好、做到位。实际上，要做就做到最好，这样才能发挥自己最大的价值。职场中晋升最快、最可靠的捷径就是要做好自己分内的工作，为此不惜付出时间和精力。充分发挥自己的聪明才智，对每一项工作都尽心尽力，这样会让自己有更大的发展，获得更多的成功。

作者手记

不思进取的人不但不能够发展，说不定还会在日益激烈的竞争中被淘汰。只有那些能够不断学习、不断适应变化需要的人才能够在企业里长久地生存。敢于和自己较劲，就拥有了不懈的动力。凭借这样的动力，才能够不断提升自己，全力以赴将事情做到最好，也为改变自己的命运提供了更多的机会。

因此，不管你在什么行业，不管你有什么样的技能，也不管你目前的薪水多丰厚、职位多高，你仍然应该告诉自己“要做最棒的，我的位置应在更高处。”当然，这里的“位置”是指对自己工作表现的评价和定位，不仅限于职位或地位。

感谢年轻时的狂妄

“有非凡志向，才有非凡成就。”

一个人要想成就一番大事业，必须树立远大的理想和抱负，按照既定的目标，始终坚持下去，到最后，一定会有所收获，对社会作出贡献。

比尔·盖茨最早是在一所公立中学上学，可是在那里，盖茨不爱学习，还常常扯着他那尖细的嗓子惊叫，他也不爱和自己的同学一起玩，在学校里他显得特立独行。他的同学都疏远他，认为他是一个不懂礼貌、不合群的人。他的自信、好斗还有聪明似乎很不讨人喜欢，小盖茨在学校里被孤立了。老盖茨夫妇察觉到儿子的处境后为他转了一所学校，这就是后来很著名的湖滨中学，在西雅图这是很著名的一个学校。进入湖滨中学的时候，比尔·盖茨才12岁。老盖茨之所以选择那所学校，是因为那里不仅风景宜人、学风纯正，而且教学严谨，他觉得儿子适合在那里获取知识。尽管老盖茨为此付出了巨额的学费，但是只要能让唯一的儿子改变令人头疼的现状，他毫不吝啬金钱。事实证明，老盖茨作出了一个十分正确的决定，因为正是那所学校培育了儿子对电脑的浓厚兴趣，那里是比尔·盖茨开启梦想的摇篮。在初入湖滨中学的时候，小盖茨就确立了“我应为王”的宏伟志愿。

湖滨中学理念先进、校风开明。1968年学校作出了一个决定，这个决定对比尔·盖茨今后的发展有着至关重要的作用。当时美国掀起了一股狂热的科技浪潮，为了让学生们与时代接轨，湖滨中学决定开设电脑课程，让学生去涉足这个崭新的令人欣喜的电脑世界，这让湖滨中学成为全美国最早开设电脑课程的学校。从此之后，学校的电脑房成了最能吸引小盖茨的地方，他几乎把所有的时间都用在了对电脑的研究上。比尔·盖茨对电脑程序的操作越来越熟练，在学校里时他就和志趣相投的同学组建了程序编制小组，还为一个重要客户完成了一个重点项目。在那个项目的鼓励下，比尔·盖茨将自己的目光放得更远，他隐约感觉到在电脑这一行业有着巨大的机遇，将来他一定能在电脑这一领域取得无人能及的成就。他把石油大王洛克菲勒作为自己的偶像，他说在他的心目中，赚钱的榜样只有洛克菲勒。比尔·盖茨曾经认真地抄写过洛克菲勒的一句名言：“即使你们把我身上的衣服剥得精光，一个子儿也不剩，然后把我扔在撒哈拉沙漠的中心地带，但只要有两个条件——给我一点时间，并让一支商队从我身边路过，那要不了多久，我就会成为一个新的百万富翁。”从这不难看出比尔·盖茨所具有的雄心。

有人评价说：“比尔·盖茨是有史以来最年轻的世界第一富翁；他是第一个从一无所有，白手起家，在短短20年内创造财产达139亿美元的奇才；他是人类历史上第一个靠电脑软件积累亿万财富的先行者；他是首先开发利用高科技和高智商，创造巨大财富的典范。”

对于每一个不甘平庸的人来说，养成每时每刻检视自己抱负的习惯并永远保持高昂的斗志非常重要。要知道，一切成功都取决于我们的抱负。一旦它变得苍白无力，所有的生活标准都会随之降低。我们必须让理想的灯塔永远燃烧，让那火焰的光芒照亮我们前行的道路。

要成功，就必须先有雄心。而要有雄心，必须先有欲望。任何能刺激人心理的事物都会激起人的雄心，并使人急于付诸行动，早日获得成功。

要充分体现雄心，首先必须对成功有热切的渴望。不仅仅是“向往”或“希望”，而是强烈的、不达目的不罢休的渴望。然后必须激起足够强烈的意志力去争取欲望之所需。

生活中有很多这样的人，在他们很小的时候就已才思敏捷、聪慧超常。然而他们却在以后的日子里日渐平庸，终生碌碌无为。造成这一现象的原因就在于，他们逐渐丧失了前进的动力，没有远大的抱负，没有高昂的斗志。这些人想的不是为自己制订一个远大的目标，施展自己的才华，而是把自己的智慧、才能束之高阁，任其消失。

雄心抱负通常在我们很小的时候就初露端倪，如果我们不注意仔细倾听它的声音，如果它在我们身上潜伏很多年之后一直没有得到任何激励与释放，它就会逐渐消失无踪。在现实生活中，这种到最后抱负消亡、理想尽失的人数不胜数。尽管他们的外表看来与常人无异，但实际上曾经一度在他们的心灵深处燃烧的热情之火现在已经熄灭了，代替它的是无边无际的黑暗。

对于青少年来说，不管你现在的处境多么恶劣，或者先天的条件多么糟糕，只要你保持高昂的雄心，确立你伟大的志向，你对人生的热情就会永远像熊熊的大火，照亮你一生的希望。青少年拥有的最大的资本就是年轻，在这大好的年华里，要尽情挥洒自己的热情，不让自己的青春虚度。年轻人要想获得成功，就该树立远大的抱负，当你明白你要把精力放在哪里最恰当时，你就离成功已经不遥远了。

比尔·盖茨的“我应为王”的伟大志向时时刻刻激励着他，使他一步步地实现一个个的理想。他曾说：“年轻时，我确实狂妄。但今天我要感谢自己最初的勇气。”在比尔·盖茨看来在，任何一项商业行为，真正的目标就是展示气吞山河做该行业的龙头老大的霸王之气。在伟大志向的驱动下，盖茨毫不懈怠地奋斗，最终他成就了软件王国的神话。

作者手记

比尔·盖茨能成为软件霸主，聪明并不是第一位的，他不愿屈居第二的志向才是真正成功的动力。人生在世，应该有自己的理想和追求，要有足够的信心相信自己一定能够到达别人无法到达的高度。任何事情只要用心去做，并愿意尽最大的努力去做好，如果能长久地坚持下去，那么成功会是指日可待。对于青少年来说，理想、雄心尤为重要，青少年时期是一个人成长发展的黄金时期，这个年龄段的作为会对以后的发展产生重要的影响。因此青少年们应该早立志，有雄心，并且坚持为自己的理想努力奋斗，这样做会让你得到意外的收获。

任何好事都不会无缘无故发生

“只要我们努力，而且以科学的方法推翻‘不可能’的神话，我们就可以做到我们要做的事。”

不敢向有难度的工作挑战，就是对自己潜能的画地为牢、自我设限。对于想要成功的人来说，生活中根本不存在不可抵达的目标。不相信任何不可能，这是一种勇气，是对自我怀疑心理的一种突破。很多时候，当我们有一番雄心壮志时，就习惯性地告诉自己：“我想的未免也太过简单了，成功哪有这么容易，还是算了吧。”“如果这真是个好主意，别人一定早就想过了。别人没有行动，那就说明这个想法根本不成熟，有什么必要非得冒险呢？”

在几百年前，如果我们跟别人说，你坐上一个银灰色东西就可以飞上天，拿出一个小盒子就能够跟远在千里之外的朋友说话，打开一个“方柜子”就能看到世界各地正在发生的事情……他们也同样会告诉你那是不可能实现的，但是如今那些看似虚幻的事物已经成了我们生活中很平常的工具。

1974年，一家名为MITS的公司在新墨西哥州的亚帕克基市推出了一种“微电脑”，这就是阿尔塔电脑，这种电脑一上市便引起了轰动。MITS的创办者叫埃德·罗伯茨，从1968年公司建立以来，罗伯茨一直致力于计算机的生产，但是由于后来市场竞争日益激烈，罗伯茨的日子越来越难过，MITS甚至已经到了破产的边缘。无奈中，罗伯茨尝试用英特尔公司推出的更新一代微处理器8080设计生产电脑，以期打破尴尬的局面。由8080设计生产的电脑就是阿尔塔电脑。

电脑的BASIC语言比较容易明白和掌握，罗伯茨想用这种语言开发会计、文字处理等应用程序，这样才有可能把阿尔塔电脑推向全社会，打开市场。罗伯茨下决心一定要把BASIC用在大众都能使用的电脑上，于是他投入了大量的时间、精力和金钱研究BASIC语言，很长时间过去了，可是毫无进展。正在这时候，哈佛大学的两名学生为他解决了这个难题，这就是比尔·盖茨和艾伦。

当时两名小伙子看到了BASIC电脑应用在阿尔塔上的广阔前景，决定为阿尔塔编写BASIC语言。但是当时所有人都认为这是一件不可能实现的事情，怎么可能为8080微处理器研制出一种工作语言呢？这件事情就连生产8080集成块的英特尔公司都不相信，“这真是令人难以置信！”

后来回忆起当时的阿尔塔电脑，比尔·盖茨说：“阿尔塔只是一个附有闪烁灯的箱子。那其实有几分像是一套售价三百六十美元的组合零件，你必须把它组合成功，它实际上也派不上什么用场。但是，光是让它有用处的挑战，和设想出它能做什么和不能做什么，就使它相当受欢迎。”

在编写出BASIC语言之前，比尔·盖茨就给罗伯茨打去了电话，他告诉罗伯茨他和自己的伙伴艾伦已经研制出了BASIC语言，只要稍加改进就可以应用在阿尔塔电脑上，并且和罗伯茨议定要收取版权费。但是显然罗伯茨对两名学生没有抱太大的希望，他告诉盖茨和艾伦只要他们设计出这种语言程式，他就可以同意他们的要求。

在和罗伯茨协定好之后，盖茨和艾伦开始为这套“子虚乌有”的语言程序忙碌起来。一开始两人就遇到了困难，他们找不到阿尔塔电脑，后来他们只得在PDP-10小型电脑上模拟设计了一个8080的微处理器，然后在那样的环境中开发BASIC语言程序。

就这样，两个年轻人投入了一场史无前例的艰苦工作。他们在哈佛大学的计算机中心，使用中心的设备，废寝忘食地干了近两个月，终于把一种简单的编程语言——BASIC的最初版本凑在一起。1975年2月，两个年轻人完成了他们有生以来第一套微电脑程序的开发。盖茨曾说：“为8080机器写的程序是我写过的软件程序中最喜欢的，因为它当时很适用，也因为我们能使它维持那么小巧。”“那是我写过的最酷的程式。”两个年轻人完成了在当时看来根本不可能完成的任务。在今天看来，当时的阿尔塔如奇迹般开创了个人电脑时代的新纪元，彻底改变了一个古典与传统的时代。

因为这个程序，盖茨不仅获得了一笔不小的收入，更为重要的是，他的梦想开始起飞，他更加坚定地认为：在这个世界上没有什么是不可能的。

在工作和生活中，很多人在有意或者无意之间向我们灌输了许多悲观的思想，这些思想会给我们的心灵“设限”，制约潜能的发挥。但是，如果把这种种的悲观从心头抛开，我们就能够攻克平时难以企及的高峰。

所谓“做不到”只是失败者心中的禁锢，取得巨大成就的人，从不将所谓“不可实现的目标”当一回事。在他们的眼中，永远没有不可能，而只有“一切皆有可能”。只要我们有足够的意志力、足够的头脑和足够的信心，几乎任何事情都可以做到。

作者手记

很多时候，一件事情看起来很难，只是因为我们暂时没有找到方法。不要给自己太多的框框，不要总是“自我设限”，应该将注意的焦点集中在找方法上，而不是找借口。正如哈瑞·法斯狄克所说：“这世界现在进步得太快了，如果有人说某件事不可能做到，他的话通常很快就会被推翻，因为很可能另一个人已经做到了。在信心和勇气之下，只要我们认为可以做到，就可以以科学的方法推翻‘不可能’，就可能做成任何我们想做的事情。”

“没有办法”只是说我们已知范围内的方法已经用尽，只要我们能够不断地去尝试新的事物、新的机会、新的方法，不断地去突破自我、改变自我，永远都没有“没有办法，不可能”这句话！

勇于变不可能为可能

"我们所急需的人才，是有奋斗进取精神、勇于向不可能完成的工作挑战的人。"

当我们相信某一件事不可能做到时，我们的大脑就会为我们找出种种做不到的理由。但是，当我们非常坚定地相信某一件事确实可以做到时，大脑就会帮我们找出解决的各种方法。

IBM与微软既是老朋友，也是老对头。在比尔·盖茨创业之初，与IBM的合作为微软的发展提供了宝贵契机，可以说微软是站在IBM这个巨人的肩膀上成长起来的。而IBM这位蓝色巨人曾经一度陷入危险的境地。

1992年底，78岁的IBM仿佛患上了老年痴呆症，一下子陷入了亏损额50亿美元的泥淖中，举步维艰。昔日威风八面的蓝色巨人瞬间沦为无人理睬的乞丐。GE的杰克·韦尔奇与SUN的麦克尼里等专家高手都表示无力回天，他们都拒绝了IBM开出的高薪。后来，IBM历尽周折，终于说服了路易·郭士纳前去执掌IBM的帅印。于是，被媒体描述成"一只脚已经踏进了坟墓"的IBM，迎来了这位对IT行业完全陌生的新CEO郭士纳。

郭士纳刚开始接收IBM的时候，很多人向他投去了怀疑的眼光，甚至还有人对他冷嘲热讽。他们认为：一个靠经营食品业起家的人，一个对计算机完全外行的人，如何能担当得起这一重任呢？让这样一个对IT行业完全陌生的人挽救IBM于水火之中，简直是一件不可能完成的事情。当时有很多人劝郭士纳不要接IBM那个“烫手的山芋”，但是郭士纳并不认为让IBM起死回生是件不可能的事情。

最终，郭士纳给IBM带来了巨大的成功。今天我们已经看到，一个当初亏损81亿美元的IBM公司，如今已经变为销售额高达860亿美元，赢利77亿美元的行业楷模。公司的股票价值增值了800％，市值增长了1800亿美元。这些惊人的数字，就是当初那位计算机行业的“门外汉”路易·郭士纳带领IBM员工们创造出来的。这是一个给那些怀疑“门外汉”做不了专业活的人的最好反击。

郭士纳先生的成功带给我们这样一个启示：世上无难事，只怕有心人。面对困难，只要你勇于尝试，积极寻求解决方案，那么“不可能”也能够变为“可能”。

西方有句名言：“一个人的思想决定一个人的命运。”青年们正处于人生的起步阶段，在工作中不要轻易说出“不可能”三个字，要积极寻找解决问题的办法，做“职场勇士”，而不是“职场懦夫”。

“职场勇士”与“职场懦夫”在老板心目中的地位有天壤之别，根本无法相提并论。一位优秀员工在谈到自己的成功经验时说：“我之所以能有这样的发展，都源于我凡事都愿意找方法解决。如果你希望自己能成为公司发展的关键力量，你就要丢掉心中的限制，积极找方法攻克工作中一个又一个的‘不可能’。”

只有那些相信自己，并使不可能成为可能的人才能抵达胜利的彼岸。

在职场中，如果你是一个“安全专家”，不敢向“高难度”的工作挑战，那么，在与别人的竞争中就很难取胜。当你万分羡慕那些有着杰出表现的同事，羡慕他们深得老板器重并被委以重任时，那么，你一定要明白，他们的成功绝不是偶然的。敢于对“不可能”说“不”的人，成功的大门便一直向他打开着。

向“不可能”发起进攻，除了要敢想以外，还要立即采取行动。那些在事业上取得大成就的人无一例外都是行动家，因为行动能证明一切。现实生活中有很多有想法的人，但是他们往往不能付诸行动，认为要把一切都算计好了，保证万无一失才能行动。做任何事都会有风险，保证万无一失其实是给懒惰找借口。很多年轻人认为创业需要等条件成熟了再去做，可是什么时候算是条件成熟呢？等有大量的资金、丰富的经验还是要足够的人脉？要知道，机遇不会等我们条件成熟了才来，年轻本身就是最大的资本。试想，倘若比尔·盖茨等自己条件成熟了才去创业，那他或许就只是电脑行业的三流角色，创业者要用自己的激情点燃事业，条件不成熟就创造条件促其成熟。没有行动的创业就只能是白日做梦。

众所周知，微软是全球IT业的领头羊，即使在世界信息行业竞争最激烈的时候，仍能快速增长，并一路畅通无阻地发展。对微软的发展史，比尔·盖茨认为，“这是科技发展和进步的必然，所不同的是，我们更善于抓住机会，并且快速行动。”

1977年，比尔·盖茨刚22岁，当时他还只是哈佛大学的一个学生。

由于预见到电脑行业的前景，他就从哈佛办了退学，进入创业者的行列，将全部精力投入到和同伴合创的这家小电脑软件公司——微软。上世纪80年代初期，好朋友兼合作伙伴艾伦因身体状况不佳，不得不离开微软。自此以后，盖茨成为公司的领导者，全力以赴地向信息技术行业新领域前进。

1980年，微软与著名的电脑公司IBM签订了一份合约，IBM委托微软公司为他们新推出的个人电脑提供操作系统。这对微软来说，是一次改变命运的难得机遇。此后，当个人电脑产业迅速发展起来时，又有很多竞争者加入市场，而新加入竞争的这些企业用的都是微软的操作系统MS—DOS。凭借MS—DOS微软赚足了钱，这为以后微软的持续壮大提供了有力的资金保障。

想想看，如果没有超强的行动能力，盖茨如何能果断地去开创自己的事业，如果不善于抓住机会，并且能快速采取行动，微软又如何能够如此成功？20世纪80年代后，微软在盖茨的领导下，成了华尔街的新贵。1996年上半年，微软的市场股价突增，从1986年的每股2美元涨到了105美元，盖茨一夜之间成了亿万富翁。这一成绩是他坚持自己的主见，并快速采取行动的必然结果。

敢想、敢干就能和“不可能”勇敢地说再见。世界上没有那么多的不可能，不可能只存在于蠢人的字典当中。我们总是很赞叹、羡慕比尔·盖茨的勇敢，却很少注意到他有无数天马行空的想法和马上就去做的行动能力。很多事，做与不做存在着质的差别，仅仅有想法，那就很难成为一个有很大成就的人。

年轻的人们，别再等了，现在就把你伟大的想法付诸实践吧，你可以用各种方式告诉全世界，你的想法有多么超前，用行动说明你的想法是多么正确，变众人眼中的“不可能”为可能，取得一个又一个的胜利。

作者手记

美国著名钢铁大王安德鲁·卡内基在描述他心目中的优秀员工时说：“我们所急需的人才，不是那些有着多么高贵的血统或者多么高学历的人，而是那些有着钢铁般的坚定意志，勇于向工作中的‘不可能’挑战的人。”这句话掷地有声，发人深省。每位在职场中拼搏并希望获得成功的年轻人，都应该把这句话铭刻在自己的头脑中。

第二章

从哈佛退学，不代表我否定学识的重要性

学历是一回事，学习是一回事

“学历在人生中并不起决定性作用。”

对于现在的年轻人来说，学历固然重要，它代表着一个人的受教育程度，代表着一个人接触知识时间的长短以及知识的多寡。学历代表着一个人的教育经历和经验，没有学历或者学历不高的人在人生的起步阶段要比高学历者困难得多。那是因为高学历的人更善于学习，善于吸取新知识。很多招聘单位的负责人都会直言不讳地说，有高学历的人更具有竞争力。他们最为欣赏的就是那些之前有高学历，工作中又有高能力的人，这样的人一定会为公司带来惊喜，同时也会取得个人事业的成功。学历是初入职场的敲门砖，但是需要注意的是，学历并不能代表能力的大小。

比尔·盖茨曾在接受访谈时表示，如果一个人因为自己具有了高学历而自以为是，不求进步，那么这样的学历不仅不能成为个人事业的助动力，还会成为个人前进路上的绊脚石。

同样，如果因为自己没有高学历就妄自菲薄，怀疑自己的能力，否定自己成功的可能性，不相信自己能获得成功，从而整天笼罩在自卑的阴影里，这样也是十分错误的。虽然说学历有助于我们的事业成功，但真正的成功与高学历之间并非完全能画等号。不要以为有高深的书本知识水平便是成功的象征。许多受过高等教育的学生因为高不成低不就而走向自我毁灭之途，就是因为他们误解了学历与能力、成功之间的关系。

几乎每个人都有这样的经历，从小到大被家长、老师反复叮嘱：要好好学习，成绩好了才能考上好大学，才能过更加美好的生活。

懵懂中我们就开始与书本与知识打交道，为了众人眼中所谓的美好而不断努力，希望能顺利地敲开象牙塔的大门，成为一名令人艳羡的天之骄子。学习文化知识，锻炼提升自己本来是一件好事，但是很多人学习的目的单纯就是为了获得一个学位，为的是一张证明学历的文凭，但是，年轻人应该注意的是，社会是一个大舞台，它需要的不仅仅是一张空洞的文凭，更需要的是在这个舞台上充分展现自己的能力。

没有学历不可怕，可怕的是因为没有学历而自卑，从而不去开发自己潜在的能力。卡耐基说过：“靠自己的能力拯救自己，是成功的唯一准则。”现实的生活也证明了一个深刻的道理：能力已成为一种不折不扣的资源，能力即资本，能力即财富，能力即命运。能力就是必须有一样拿得出手！

如果你没有自己擅长的东西，就要去发现、提升自己的长处。即使有了自己的专长，也不能懈怠，要记得随时充电，防止被时代所抛弃。比尔·盖茨自小擅长电脑技术，长大后技术更成为业内翘楚，即使如此，他在学习方面也从未有过松懈。

梅琳达与盖茨结婚后，这位前微软精英员工将他们的家布置得既温馨又实用，她甚至专门布置了一个家庭图书馆。家庭图书馆对他们来说特别重要，他们在家的时候会花费很多时间在图书馆中阅读书籍、补充知识。可以说，这个小型图书馆是盖茨夫妇的“充电室”。

这其中有个有意思的插曲，由于夫妇二人都是IT行业高手，阅读喜好也特别相似，每次新书送到两个人都抢着看。这种“知识争夺战”愈演愈烈，后来还是梅琳达想了个好主意才平息了战火：所有盖茨家订购的书都订两本。

一位已经站在财富巅峰的超级富豪都不忘随时补充知识，积累不多的青少年有什么理由不让自己多积累一些知识资本？青少年充满了激情与活力，是最适合积累知识、储备能力的人群。在这日新月异的时代，要培养能力、提高素质、挖掘内在的潜能，这样才能在激烈的社会竞争中立于不败之地。在生活中，一个人的能力已经与收入、成功挂上了钩，我们的能力越强，我们的成功就有了更多的保障。

总之，高学历者不应该躺在自己的学历上酣然美梦，低学历者也不应该为此而自惭形秽。最重要的是要不断地学习，不停地进步。

作者手记

受教育程度的高低和将来的工作收入成正比，这里所说的受教育程度并不是单纯地说获得一纸文凭，而是指我们在获得文凭的过程中获取了多少知识，锻炼了多少能力。文凭体现了受教育的程度，但是不能完全说明在接受教育的过程中自己确切学到了多少东西。接受教育对一个人的一生都会产生重要影响，但是由于各种原因，有很多人没有能够接受更高的教育，这时候不能自暴自弃，认为自己的人生已经没有希望，只要注意知识、经验的积累，培养特长，锻炼各方面的能力，一样可以获得成功。

受教育程度预示着你的收入高低

“我很珍惜我的大学时代，而且在许多方面，我后悔离校。”

在美国，多数家长都会支持自己的孩子进大学读书、深造，鼓励他们获取更多的知识，得到更高的学位，他们认为具有丰富的知识，高学历、高学位会给子女在今后的生活中带来很大的帮助。而美国的一组调查数据证明了这些父母思想的正确性。这组数据显示，受教育程度越高，则今后工作的收入越高，受教育程度和今后工作收入的高低成正比。

据联邦普查局公布的最新调查报告表明，成人收入的差距反映了受教育程度的高低，持有高等学位者的收入要比没有高中学历的人高出4倍。

数据还表明，持有硕士或博士学位的人，平均年收入为79946美元，而高中学历以下的人年收入仅为19915美元。

对此，美国经济学家埃莉斯·古尔德说，这种学历和收入成正比的现象是可以理解的，而且是合理的。因为高学历的人在获得学历的过程中付出了大量的时间和精力，获得了更多有益于自身和社会发展的知识、技能。这样高学历者在找工作的时候势必会有更多的选择余地，收入也会随之增高。或许有人会说，比尔·盖茨是世界首富，但是他连大学都没有毕业，这不是有悖于学历和收入成正比的说法吗？

学历与收入的高低成正比是社会上存在的一种普遍现象。比尔·盖茨在读书期间毫不懈怠，积累了大量的知识，尤其是电脑方面的知识令他成为“电脑天才”。而且他的辍学也是被形势所迫，而且多年来盖茨都为辍学感到后悔。

1973年夏天，18岁的比尔·盖茨凭借优异的成绩，以全国资优学生的身份，获得了耶鲁大学、普林斯顿大学和哈佛大学三所名校的入学许可。经过仔细的权衡，比尔·盖茨选择了哈佛大学。哈佛大学是世界知名的一流大学，是美国培养顶尖科学和领袖人物的摇篮，有各领域的精英在那里锻炼成才。哈佛历史上有40位诺贝尔奖获得者、8位美国总统、多位副总统，还有30位普利策奖获得者、数十位跨国公司总裁……在全美国500家最大的财团中有213的决策经理毕业于哈佛商学院。

比尔·盖茨于1973年进入哈佛，在还有一年就要完成自己学业的时候，比尔·盖茨退学了。从此之后，盖茨成了哈佛历史上最著名的“退学生。”那时候他急需要去开创自己的事业，用他自己的话说，就是“那个理想不能耽误。”

最开始的时候，比尔·盖茨对于是否退学，显得迟疑不定，因为他很明白哈佛大学学位的重量，而且他一直是一个热爱学习的人，不忍心放弃自己努力了三年的学业。后来在朋友保罗·艾伦的劝说下，盖茨决定放弃在哈佛的学习，尽一切努力去开创自己的事业。比尔·盖茨后来事业的成功令全球瞩目，他的经历也成了众多年轻人的榜样。有人曾经问比尔·盖茨：“您为数百万的年轻人树立了一个榜样，特别是那些现在正在大学就读的学生，他们很多都在说：‘看，比尔·盖茨都从哈佛退学了，他可是我们的榜样。’”比尔盖茨的回答是：“我鼓励年轻人还是要完成自己的学业。只有当你有一些十分迫切的、不容错过的事情时才可以考虑暂时放弃学业。”“在哈佛上学的时候，我过得非常愉快，感谢那段经历。”

但是比尔·盖茨从未想过真正退学，在告别哈佛32年后，盖茨终于得到了哈佛授予的学士学位证书，从哈佛正式毕业。盖茨拿学位那天，老盖茨也出席了典礼。盖茨对父亲说：“爸爸，我一直告诉您我会回来拿我的学位”、“为了这句话我已经等了30多年了。”他还幽默地说：“看来我现在可以换工作了，我终于可以在我的简历上加一个学位了，这真是一件令人高兴的事情。”

比尔·盖茨从来不主张学生无缘无故地退学，他相信学校会给人们带来很多，当人们在获得学历、学位的时候，也掌握了必要的知识，开阔了眼界。但是，作为一个中途退学的学生，却取得如此巨大的胜利，这让一些年轻人开始改变对读书和上学的看法，他们津津乐道盖茨的退学，把他当作自己的榜样。这是比尔·盖茨不愿意看到的现象。知识改变命运。当前我们已经进入知识型社会，无论从哪个角度说，知识都能给你带来好处，收入就是最明显的表现。

学历并不等于个人工作能力，但我们不得不承认，受过高等教育及学历较高的人，接受新知识快，有较强的适应能力，工作能力也明显较强。因此，还有机会接受更高教育的年轻人一定要把握住机会，不断拓展自己的知识，提高自身的素质。毫无争议，犹太人是世界上最富有智慧和财富的人，在福布斯美国富豪榜的排名上，犹太人占了很大的比例，究其原因，这和他们重视对孩子的教育有很大的关系。他们意识到教育对于孩子的重要性，因此不论家庭有多么困难都会尽全力让孩子们接受尽可能多的教育。有数据表明，美国犹太人人口中受过高等教育的人所占的比例是整个美国社会平均水平的5倍。

有人对上班族的工作情况和薪水情况进行过调查，结果证明，提高薪资的砝码其中之一就是多接受新知识，提高受教育程度，办公室一族的薪水一般都会随着学历的增高而增长。可见，影响工作和收入的因素固然有很多，但受教育程度绝对是不可忽视的。

作者手记

青少年应该明白，退学者中固然有比尔·盖茨这样的成功人士，但那毕竟是少数。现实中，受过完整教育、获得高学历的人，其成功的可能性要远远大于那些中途退学者。比如，居里夫人是巴黎大学的才女，牛顿毕业于剑桥大学，洛克出身牛津大学，美国总统奥巴马获得哥伦比亚大学、哈佛大学双学位……没错，没有完成学业的人中的确有的人取得了成功，但是并非所有退学者都能成功，而且并非成功就要退学，明白这点很重要。

有人认为在学校中学不到真才实学，还是去社会中锻炼为好，对于这个问题仁者见仁智者见智。即使是天才，在有所建树之前，也需要有足够的知识积累。而学校正是一个能让人全面、系统接受教育的地方，在学校中认真学习、打好基础，对一个人的一生有重要意义。

理想的书籍是开启灵感的钥匙

“养成每天读10分钟书的习惯，20年之后他的知识水平一定前后判若两人，只要他所读的都是好的东西。”

书籍记录着许多人、许多时代、许多地域的传奇。它赋予我们的思想，很多时候会比现实生活呈现给我们的更深刻。开卷有益，多学博知，这是古今不变之理。

书籍可以把我们引入到一个神奇、美妙的世界，使我们的生活更加乐趣无穷、丰富多彩。同时，还可以使我们从书中获得丰富的人生经验。因为毕竟人的经历、精力都是有限的，不可能事事都去亲身体验，书中的间接经验，将有效地补充个人经历的不足，增添生活的感受。

汽车大王亨利·福特曾说："任何停止学习的人都已进入老年，无论20岁还是80岁。坚持学习的人则永葆青春。"学习永无止境，我们必须广泛地阅读书籍，因为那是一个人生活上不可欠缺的知识来源。

比尔·盖茨从小就喜欢读书，虽说那时候他还是个孩子，但是却对同龄孩子们爱看的卡通画、连环画、童话故事书等没什么兴趣。在他七岁的时候就开始反复看《世界百科全书》，阅读各类名人传记。书籍把小盖茨带入了一个神奇的世界。那时候，瘦小的比尔·盖茨常常把自己关在父亲的书房里，如饥似渴地读着一本本书。对于小小年纪的比尔·盖茨来说，没有什么比书籍更具有吸引力。这些书开启了他通向智慧世界的大门，为今后事业的成功打下了坚实的基础。

比尔读书的范围很广泛，儿童时期，他阅读了大量的科幻小说，十几岁的时候就开始阅读大量的财经类杂志，比如《财富》。比尔·盖茨实在太爱读书了，有一天，他在吃一顿简单午餐的时间里，竟然一口气读完了4本杂志，其中包括著名的《美国社会科学》和《经济学家》。这两本杂志都是社会科学界的权威刊物，是许多著名专家学者发表言论的重要讲坛，对于很多人来说，这些杂志是令人望而却步的。后来，老盖茨夫妇不得不对他企图连吃饭时都要读书的行为进行惩戒。老盖茨说："我们想让他明白，餐桌的迷人之处在于可以彼此间进行生动的交流，而并非一个人进行孤僻的阅读。"在父母的惩戒下，比尔·盖茨改掉了在餐桌上看书的习惯。

现在的比尔·盖茨仍旧很喜欢读书，而且他的阅读范围不断扩大，内容也似乎越来越奇特。比如现在的比尔·盖茨会阅读《疟疾与人》《老鼠、虱子和历史》《谈传染性疾病的消除》等。比尔·盖茨每读完一本书都热切地想与别人讨论交流心得，但是这也似乎给他带来了麻烦。老盖茨说："这样的后果是，在鸡尾酒会上遇到熟人时，有时人家会转身逃开，因为害怕盖茨会抓住他们大谈传染性疾病的症状。"比尔·盖茨的妻子梅琳达也说自己的丈夫似乎对知识和周围的世界有着永无止境的好奇心。

比尔·盖茨对知识的热爱从他三四岁的时候就可以看出来。他的母亲玛丽在做母亲之前曾经是一名教师，为了照顾孩子，玛丽辞去了教书工作，成为一名社区工作的志愿服务人员。她承担的第一个志愿服务工作是为西雅图历史和发展博物馆做讲解员，工作的内容包括到各所地方学校为学生们讲解本地区的文化和历史。

当时年仅三四岁的小盖茨每次都跟随母亲外出，当母亲在学校里向学生们讲解西雅图的历史和博物馆的情况时，盖茨总是坐在全班最前面的桌子旁边，尽管他平时是一个好动的孩子，但在教室里却表现得比其他学生还要专注。看到儿子的表现，母亲玛丽暗暗高兴。

生活中，我们不可能事事亲为，不可能走遍世界每个角落，更不可能将整个世界都放在视野之中。但书往往能穿越浩瀚的时空，让古今中外的智慧诉之于脑海。比尔·盖茨十分重视读书，自己招聘员工时也把是否具有丰富的知识纳入考察范围。社会上流传着这样一个故事：

有一位年轻的哈佛毕业生，自以为学识渊博，信心十足地去微软面试，面试官是比尔·盖茨本人。比尔·盖茨问："请问你是从哈佛大学毕业的吗？"年轻人回答说："是的，准老板，我是哈佛大学毕业的。"盖茨接着问："你是否觉得自己很聪明呢？"他说："先生，我是以第一名的成绩毕业的，我相信我的智商还是不错的。"盖茨饶有兴趣地看着他："那你今天是来应征微软公司的产品部经理吗？"他说："是的，准老板，希望我能尽快加入到您的队伍中为您服务。""年轻人不要着急，我想问下，你既然这么聪明的话，那亚马逊河有多长？"那位哈佛毕业生顿时傻了，"亚马逊河……""答不出来是不是？"比尔·盖茨笑了笑说："显然你不够聪明，如果你愿意回去多读点书，我会很乐意以后再和你谈谈的。"那位哈佛毕业生惭愧地走了。

欲在任何一个领域有所建树，博学是必经之路。例如，科学和艺术看来是相距甚远的领域，可也有许多相通之处。诺贝尔奖获得者格拉索在回答"如何才能造就好的科学家"的提问时，答道："往往许多物理问题的解答并不在物理范围之内。涉猎多方面的学问可以为自己提供思路，如多看看小说，有空去逛逛动物园，可以帮助提高想象力。假如你未看过大象，你能凭空想象得出这种奇形怪状的动物吗？对世界或人类活动中的事物形象掌握得越多，越有助于抽象思维。"

因此，我们一方面需要多读书，因为读书有用；另一方面还要善于读书，懂得读书的方法，并且还要有目的、有选择、有思考。

作者手记

有一句话说得非常好：读一本好书，就是在和许多高尚的人谈话。当你徜徉于唐诗宋词里时，你会觉得正在和李白、苏轼对酒当歌；当你漫步于那些长篇小说里时，你会觉得像是坐在托尔斯泰、巴尔扎克面前听他们诉说；当你步入哲学的殿堂时，你会觉得是在听爱默生、黑格尔讲课。选择一本好书，当与这些好的作品产生共鸣时，我们就能深深地体会到这种乐趣。

听别人的意见，自己作决定

“绝大多数时候，我愿意听从父母的意见；但到了关系一生的重要时刻，我更愿意听从自己内心的想法。”

和每个刚进入大学的新生一样，初入哈佛的比尔·盖茨仿佛投入了自由的海洋，把大把时间投入了玩乐。他常常和朋友一道玩各种游戏，很快，盖茨迷上了扑克牌。盖茨从集体大宿舍搬到一间小宿舍，同住的只有一个同学安迪·布莱特曼，这间宿舍配有烹饪用具，名叫“卡雷房”。

每天晚上，一群无聊的小伙子就聚集在卡雷房打牌赌钱，一个晚上的输赢甚至达到了几百上千美元。盖茨起初技艺欠佳，但扑克牌其实是一门需要花费心思的游戏，而盖茨凭借着自己超强的记忆力和判断力，以及肯钻研的个性，很快成为牌场的高手，牌瘾之大甚至不逊于他对计算机的热情。

盖茨很快在牌场上战无不胜，多年以后他回忆这段日子的时候是这样说的：“我牌打得不赖，医学院和商学院也有一伙人经常来玩，他们的技术不行，我们就提高砝码，让他们输了个精光，结果他们再也不来了。不过我们这伙人坚持到了最后，大家水平相当，也就没有太多的输赢可言了。”

盖茨不爱服输的个性使得他常常鏖战到深夜，特别是运气没有站在盖茨这边的时候，盖茨绝对不会善罢甘休。盖茨有着自己的一套经验：谁叫牌大胆，谁已经出过什么牌，谁叫牌和诈牌的方式如何，然后再加以分析和总结，争取笑到最后。

谈恋爱也是大学生们打发时光的重要途径。比尔·盖茨对和女孩子交往似乎没有多大兴趣，他在这方面与他的许多同学很不一样。他似乎确实同一个名叫卡洛琳·格洛伊德的姑娘有过交往，那是他父亲同事的女儿。卡洛琳很快就发现比尔·盖茨对女孩子没有什么吸引力，他同她们的交谈中，除了谈计算机考试方面的事情似乎就没有别的内容。他也不好交际，同姑娘们在一起便感到无趣，但他更愿意同年长的人打牌。卡洛琳觉得她同比尔·盖茨之间没有什么共同爱好，甚至怀疑比尔·盖茨有心理障碍，便只好同他分手。不过许多年后，卡洛琳对比尔·盖茨的看法有了变化，认为他只不过是不愿意在他不感兴趣的事情上浪费时间罢了。

比尔·盖茨对他的未来感到茫然，他的心思当然是在计算机上，但他不得不迫使自己去修完哈佛的课程。有一天，他没有去上课，而是一个人坐在椅子上，做沉思状，有同学看到比尔现在如此安静，走过去拍了下他的肩膀，开玩笑地说：“兄弟，怎么又没有去上课？”

盖茨耸了耸肩膀，无奈地说：“天天这么浪费时间，我都感觉没什么意思了。”同学笑着说：“那你觉得什么有意思呢？”

“计算机，那是未来的主流。”盖茨回答到，“啊？计算机？那可是一个新兴行业啊！你的专业怎么办？”这个同学吃惊地反问着盖茨，“这就是我苦恼的原因，相信我，计算机是未来发展的主流，但是包括我父母在内的很多人不这么看。”盖茨不再回应他，而是陷入了沉思。

显然，这是盖茨生命中的迷茫期。每个人在年轻时似乎都不可避免地要经过这一阶段，有些人比较幸运，能较早找到自己该做的事情，有些人则要花费更多的时间、经过几番破折才能找到自己的人生方向。盖茨是其中的幸运者，他没有陷入洋溢着荷尔蒙气息的年轻人的玩乐中不可自拔，也没有屈服于父母的压力放弃真正适合自己的事业，最终，他义无反顾地为自己树立了人生目标：投身计算机行业。

作者手记

目标是信念、志向的具体化，正如美国成功学家拿破仑·希尔所言：“你过去或现在的情况并不重要，你将来想获得什么成就才最重要。除非你对未来有理想，否则做不出什么大事来。有了目标，内心的力量才会找到方向。”可以说，一个人之所以能有所作为，首先在于他有一个适宜的目标。

目标能够指导人生，规范人生，是人成功之第一要义。目标之于事业，具有举足轻重的作用。你的目标究竟为何，要结合自身情况、个人抱负、内心渴求等多方面来综合考虑，家长、老师、朋友可能给予你一些中肯的建议，却未必能给你最适宜的答案。所以，在确立人生目标的关键时刻，不妨“任性”一些，考虑自己最渴求的是哪些方面的东西。

第三章

生活本来就不公平，傻瓜才抱怨它

生活本就不公平

“生活是不公平的，要去适应它。并坚持到底，这样总能收到意想不到的成效。”

比尔·盖茨说过，公平并不总是存在的，不论是在学习、工作、生活的各个方面总会有一些不能如意的事情。但是只要努力适应，并坚持下来，就会有意外之喜。

在我们这个世界上，许许多多的人都认为公平合理是生活应有之义。我们经常听人说：“因为我没有那样做，你也没有权利那样做。你这样不公平！”“我付出了很多的努力却一无所获，你没什么行动却得到了那么多，这不公平！”

我们整天要求公平合理，每当发现自己身边存在不公平现象的时候，心里便愤愤然。应当说，要求公平并不是错误的心理，但是，如果因为不能获得公平，就产生一种消极的情绪，这个问题就严重了。实际上，绝对的公平并不存在，要寻找绝对公平，就如同寻找神话传说中的宝物一样，是永远也找不到的。比尔·盖茨还是个中学生的时候就意识到了这个问题。

1973年，美国最大的国防用品合同商TRW公司要开发一套电脑监督控制系统，可是总是有一些计算机方面的难题难以解决。那时候比尔·盖茨正在湖滨中学读书，因为精通电脑而在学校里小有名气。TRW公司得知盖茨精通电脑的事情后，便向盖茨和他的朋友保罗求援。

湖滨中学是一所很开明的学校，它允许高年级学生在完成规定课程后去企业实习和工作。在征得了学校的同意后，比尔·盖茨和保罗南下去TRW公司参加他们充满挑战性的临时工作。在TRW，两个男孩出色地完成了自己的工作。更让盖茨高兴的是，在那项艰难的工作中，他的软件设计能力得到了锻炼和提高。

三个月后，比尔·盖茨和保罗返回学校。三个月让盖茨落下了很多功课，在接下来的日子里，盖茨疯狂地补课，并如期参加学校的期末考试。对于聪明的比尔·盖茨来说，补上落下的功课根本不是一件难事，在很短的时间内，比尔·盖茨的功课很快就赶上了他那些按时上课的同学们。尤其是电脑课，他的成绩已经远远好过其他人。对于这门功课，他非常有自信。可是考试成绩出来后，却让比尔·盖茨感到很难堪，他的电脑课仅仅得了一个“B”的成绩。更令他难以接受的是，他的电脑课明明考了第一名，老师却只给他这样的成绩。当然，他的老师有充分的理由，原因是“比尔·盖茨从来不去听这门课”。最开始的时候，年轻的比尔·盖茨很恼火，他觉得老师这样判分很不公平。他甚至向自己的父母抱怨，但是在短暂的消沉之后，盖茨就接受了这种不公平的现实，不再去想自己在考试中的得失。他开始把更多的精力投入对计算机的研究中，几乎每天都埋头于各种数据的编码工作中。在那段时间里，比尔·盖茨在计算机方面打下了坚实的基础，积累了丰富的经验，这为他今后创业的巨大成功奠定了基础。

生活中充满了不公平，这着实让人不愉快，但我们不得不面对现实。从我们出生的那一刻起，不公平就显现了出来，有些孩子出身贫寒，食不果腹，而有些孩子一出生就锦衣玉食。一些青年人一毕业就进了知名企业，有一个大好前程，而有的人尽管很努力，却仍在为找一份称职的工作忙碌奔波。

类似这样的不公平，生活中有很多。我们许多人所犯的一个错误便是为自己或他人感到遗憾，认为生活应该是公平的，或者终有一天会公平。其实不然，绝对的公平现在不会有，将来也不会有。

承认与接受生活中充满着不公平这一事实最大的好处便是能激励我们去尽己地所能改变现状，而不是自我消沉。

作者手记

在现代社会中，竞争日益激烈，不公平的情况很可能随时都会发生。这个时候，我们该如何去应对呢？一种办法就是接受已经发生的现实，并从这个令人挫败现实出发，积蓄力量，等待时机，扭转不公。而不是在那里抱怨这种现实，或者是心有不甘而想着要如何才能回到过去，这样做既不能如你所愿真的回到过去，又会浪费你宝贵的时间。

不要抱怨上天的不公，也不要抱怨命运的坎坷，很多有所成就的人，比如肌肉萎缩的霍金、天生失明的海伦·凯勒，他们之所以能取得卓越的成绩，并不是因为上天多么青睐他们，而是因为他们勇于接受无法改变的事情，并在此基础上付出超越常人的努力。

懂得适应生活

"人生是不公平的，习惯接受吧。"

比尔·盖茨说："成功并没有什么秘密，我只不过是适应了时代发展的变化。"

每个人在成长、面对现实、作种种决定的过程中都会遇到不同的难题，每个人都有感到成了牺牲品或遭到不公正对待的时候，承认生活并不总是公平这一事实并不意味着我们不必尽己所能去改善生活，恰恰相反，它正表明我们应该这样做。

当我们不接受生活中的不公平时，总会产生自我怜悯的情绪，这种消极的情绪会让自己的处境变得更坏。比尔·盖茨说："许多不公平的遭遇我们是无法逃避的，也是无从选择的，我们只能接受已经存在的事实并进行自我调整，抗拒不但可能毁了自己的生活，而且也许会使自己精神崩溃。因此，人在无法改变不公和不幸的厄运时，要学会接受它、适应它。"

面对不公平，如果我们无法适应，因此怨天尤人，不敢面对现实，没有足够的勇气去接受现实的挑战，整天活在忧郁之中，那么我们等于被生活击垮。既然这样，我们不如去思考如何更好地去适应生活中的不公。

比尔·盖茨很推崇“适者生存”的法则，他认为如果自己遭遇了不公平的对待，最好的办法就是适应它，适应环境才能更好地生存。1955年，比尔·盖茨出生在一个还算富裕的家庭。他的父亲老盖茨是著名的律师，母亲玛丽则是一名受人尊重的教师。比尔·盖茨的外祖父外祖母马克斯威尔夫妇给他们的宝贝外孙比尔·盖茨留下了百万美元的托管基金。这样的家庭虽说算不上富豪名门，但也算得上是富有了。而且比尔·盖茨在学校的成绩也不错，后来顺利考进了哈佛大学，他几乎没有遭受到过什么大的挫折。但是在这样的环境成长起来的盖茨对于生存的问题有着独到的见解，他有着很强的生存意识和很大的生存压力。

比尔·盖茨说：“如今我们所处的是竞争时代，是一个优胜劣汰、适者生存的年代，等待别人的帮助或者是祈求神灵的恩赐显然是不合时宜的，只有知难而进，勇于第一个吃‘螃蟹’，才有机会抓住自己的机遇。”盖茨指出不要指望生活能公平地对待自己，公平是要自己争取的。直面生活中的不公平是每个人必须接受的挑战，也是抓住机会、获取成功的必要前提。适应并不是指被动消极的接受，相反这是一种积极主动的行为。

适应生活需要坚强的意志和顽强的耐心。这里所说的适应并不是逼迫自己勉强行事，而是要有成功的预见性，如果没有选择的随便什么都适应，这会让我们浪费宝贵的时间和精力，同时会挫伤我们学习和生活的积极性，使自己的境地更加尴尬。另外，适应并不是一件容易的事情，因为我们生活在一个不断变化着的世界中，有时候表面看起来容易适应生存的环境，里面却有很多未知的因素，真正适应起来很困难，这个只有在实际的生活中才能体会。适应生活的过程，是一个深思熟虑的过程，在这个过程中，青年人会学会很多。

作者手记

这个世界并没有绝对的公平。飓风、海啸、地震等都是不公平的。人们每天都过着不公平的生活，快乐或不快乐，与公平是无关的。这并不是人类的悲哀，只是一种真实情况。

我们在生活中受到要求公平的心理影响，当公平没有出现时，我们会感到愤怒、忧虑。但是，过去不曾有过绝对的公平合理，今后也不会有。我们承认生活是不平等的这一客观事实，并不意味着一切消极的开始，正因为我们接受了这个事实，我们才能放平心态，找到属于自己的人生定位。

抱怨不如改变

“抱怨没有丝毫意义。不要抱怨，应该试着去改变。”

有些人遭受到了不公平待遇之后，只会哀叹甚至指责、抱怨，这样做不仅于事无补，还会让心情变得更糟。比尔·盖茨说的方法是“你要去适应它”，正视、接受、适应不公平，无疑是对付不公平的最好方法。

有些时候，迫切需要改变的或许不是环境，而是我们自己的思想。无论是在生活中还是在工作中，我们时常抱怨工作不好、学业压力大、自己一番辛苦不被别人理解等。但抱怨的同时我们是否能反思一下，同样的环境中，为什么有人照样可以生活得逍遥自在、乐观向上，而自己却总有满腹牢骚？事实上，迫切需要改变的是我们自己的思想。

比尔·盖茨是一个改变世界的人，他将世界带入信息社会，但是，这样一个改变世界的人，却说要首先适应世界。的确，有时我们所生活的环境，与我们的事业目标、欲望、兴趣发展是不合拍的，甚至有时会阻碍、限制我们的发展。这时，我们埋怨世界、抱怨环境是没有用的，只有从思想上去适应它。

生活本没有错，错的是我们思想上对生活的认识；学习、工作也没有错，错的是我们自己对待学习和工作的态度。

如果我们对目前的处境不满意，想要学习成绩更优异，工作上获得更多的认可，那么我们必须明白抱怨是无济于事的。真正应该做的是认真对待自己的学业和工作，明确自己在学习、工作中应负的责任，明确自己应该做什么。只有这样，我们才能达到改变的目的。

如果眼前的情况很糟糕，抱怨、嗟叹只会让事情更加糟糕，要树立一种积极向上的心态，好心态是获得成功的前提条件。比尔·盖茨指出，如果一个人能以积极的心态发挥他的思想，并且相信成功是他的权利的话，信心就会使他有所成就。但是如果他接受了消极心态，并且满脑子想的都是恐惧和挫折的话，那么他所得到的也只是恐惧和失败而已。

如果我们想改变不够理想的现状，抱怨是无济于事的。相反，除非革除了抱怨这种坏习惯，否则终其一生都很难成功。然而，要摒弃抱怨、不思进取的习惯，却不是件容易的事。我们必须认真对待自己正在从事的事情，明确并恪守自己的职责。只有这样，我们才能达到改变的目的，享受到成功的果实。这就好像你正住在一间简陋的居室里，心中梦想着宽大而明亮的客厅。要实现这个梦想，首先应该以认真的态度对待它，而不能应付：要明白让生活变得更美好，是每个人不可推卸的责任，然后要做的就是努力通过实践，将这间小屋变成理想中的天堂。

作者手记

直面生活，就要学会适应生活中的种种不方便，不抱怨，不放弃，主动去接受它、适应它，当你可以和周围的环境融为一体、看到生活中好的方面的时候，世界就会变得更加美好。

不要让不好的际遇成为我们心灵的枷锁，也不要试着逃避，不敢面对事实真相。我们要学会敢于接受真相，不和过去的任何事情较劲，才有精力去“改造”自己不尽如人意的命运。

鲁迅说过，真的猛士，敢于直面惨淡的人生，敢于正视淋漓的鲜血。那么，就让我们做这样一个真正的猛士和勇者，直面不如意的现状，并想方设法去改变它。

在成功之前，没有人在意你的自尊

“这世界并不会在意你的自尊。这世界指望你在自我感觉良好之前先要有所成就。”

比尔·盖茨说：“成功，人生的最高境界，是衡量人生价值的最终尺度，它同时也是人类自我实现的需要。”美国人本主义心理学家马斯洛在基本需求理论中提出，人的需要分五个层次。这五个层次从低到高依次为：生理的需求、安全的需求、社交的需求、尊重的需求和自我实现的需求。

生理的需求是人类生存的基本需要，比如吃穿住行；安全的需要是指心理与物质安全上的保障，比如不受事故、被盗等事情的威胁，工作、生活有保障等，这是人基本的心理；社交的需要是指我们每个人都是社会中的一员，我们的生活离不开社会群体，因此我们需要获得归属感和爱；尊重的需求是指每个人都会希望得到别人的认同与尊重；自我实现的需要，指通过自己的努力，实现自己对生活的期望，从而对生活和工作真正感到很有意义。

按照马斯诺的需求理论，自我实现的需求是人类的高级需求。是人类充分利用和发挥自身潜力的心理需要，是一种想要实现人的全部潜能的根本欲望。而成功最基本的动机和我们对成功的追求，正是来源于人类“自我实现”的心理需求。

可以说，没有人不希望自己成功，因为没有人喜欢终日唯唯诺诺，看人脸色；没有人喜欢成为一个对社会无足轻重的人，平庸地度过自己的一生。每个人都有来自心底对成功的强烈渴望，都希望能有所成就。

“成功才是硬道理”，作为当今全球最富有的成功者之一，可以说比尔·盖茨对此有深刻的体会。他说：“从小不论干什么事情我都要求一定要成功。没有对成功的强烈渴望，也许就没有微软的持续壮大，也不会有今天的比尔·盖茨。”

比尔·盖茨是一个自尊心很强的人，从小他就想引起别人的注意，但是那时候的比尔·盖茨不爱学习，不认真听课，虽然他很聪明，但是成绩并不出类拔萃，很多学生都对这个个头矮小、脸上长着雀斑、声音尖细又不懂礼貌的男孩感到厌烦。但是后来进入湖滨中学后，比尔·盖茨显然意识到了自己的处境，然后开始认真学习，凭借他的聪明，他成了学校里出名的“尖子生”。他出色的数学成绩和对电脑知识的精通令他的老师和同学对他刮目相看，在那里小盖茨结交了很多志同道合的朋友，还在读书期间，比尔·盖茨凭借自己熟练的电脑方面的技能接了很多大项目，已经能自己赚钱了，很多同学开始很崇拜比尔·盖茨。

比尔·盖茨用他的成功证明了，一个人只要有实力，能取得成功，就不会让人看不起。

微软之所以能获得如此巨大与快速的发展与IBM公司的合作是分不开的。为了洽谈与微软的合作，IBM的主管首次造访微软时，他们看到一个穿着非常随意的大男孩，站在大门口，而且还在不停地抖动双腿，肩膀上似乎还有散落的头屑。IBM的主管走上前问：“请问比尔·盖茨先生的办公室怎么走？”那个大男孩一声不吭，将他们一路带进一间办公室，然后在办公桌前坐了下来，直到这时，IBM的主管才意识到那个毫不起眼的小伙子就是大名鼎鼎的比尔·盖茨。

IBM知道年轻的比尔·盖茨有非凡能力，没有因为他的其貌不扬而轻视他。微软和IBM开始进行合作。

有趣的是，比尔·盖茨知道和IBM进行合作的重大意义，于是当第二次会面时，比尔·盖茨穿上西装，收拾停当后去了IBM。可是到那时他却发现自己竟然忘记系领带，于是急匆匆打车去了一家商场，临时买了一条领带系上。见到IBM项目负责人时，比尔·盖茨不禁愣了一下—— IBM的负责人为了不让他因为穿衣服的差异而感到尴尬，特意没有穿正装，而是穿得很随意。两人互相看了一眼后都不禁笑了起来，原本严肃的商谈在一片友好的气氛中开始了。

比尔·盖茨不修边幅、不注意形象还能得到“大人物”的重视与尊重，可以说，正是因为他的成功。我们可以想象，如果他是一个一事无成的普通青年，这些IBM的精英们是否还会连着装这样的细节都不放过对他表示尊重?

所以比尔·盖茨才会这样表示：这个世界不会在乎你的自尊，这个世界要求我们先要有所成就，然后才有人会顾及我们的感受。

相信每个人都有自尊，都希望自己能被别人充分地重视与尊重。自尊是建立在成功的基础之上的，而自尊反过来也能推动我们走向成功。伟大的思想巨匠卢梭曾在他的一篇著名演讲词中，诠释了自尊的力量。他说：“自尊是一件宝贵的工具，是驱动一个人不断向上发展的原动力。它将全然地激励一个人体面地去追求赞美、声誉，创造成就，把他带向他人生的最高点。”尊严是一个人灵魂的骨架，一个人一旦失去了尊严，他所剩下的也只是人的一副躯壳了。

作者手记

研究现在的很多成功人士，可以看出强烈的自尊是他们共同的特点，他们中的许多人在幼年时就意识到自我价值。他们有很强的自我价值感和自信心。他们希望别人了解自己，把这看成是有意义的事。他们非常自然地吸引着朋友和支持自己的人，他们很少是孤独的。

第四章

野心让人像保时捷959，总能保持强大的驱动力

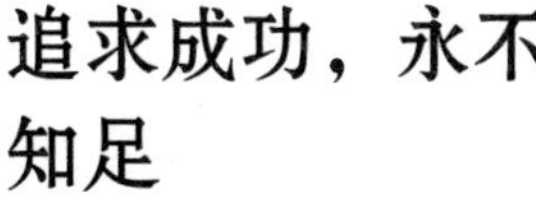

追求成功，永不知足

“一心想追求成功，才有可能成功。”

几乎没有人不渴求成功，这是因为，成功几乎可以说是我们人生计划中的一部分。在我们人生的每一个时期，都有想要完成的事情，比如上学的时候希望成绩优异，毕业后希望找到一份好工作，踏上工作岗位上后希望自己工作出色……人们对成功的期望是无止境的。每个人都会有大大小小不同的目标，正是这一个个的小成功构成了一个完整的成功的人生。在比尔·盖茨看来，失败并非成功之母，成功才是成功之母，成功的人生是基于一个个小的成功之上的。而且我们能从成功中得到其他额外的收获，比如如果我们的学习成绩优异，不仅为实现了自己的目标而感到满足，还会得到同学们的钦佩、老师父母的赞赏。在我们想要成功的过程中，我们总是有意无意地将这些潜在的利益和成功联系在一起，这种联系让成功更具有诱惑力。

此外，成功可以帮助我们弥补失败的经历。生活中人人都有可能经历失败，无论什么样的失败总是一种不愉快的经历。失败会挫伤人们的积极性，如果一直失败会让人沉浸在沮丧的情绪中不能自拔，而成功无疑能给人一种“一雪前耻”的感觉，重新树立起自信心，点燃生活的热情。享受成功是一种很愉悦的经历，它可以减少我们生活中其他不愉快的经历对我们的影响。对于每个人，尤其是青少年来说，成功应该是终生为之奋斗的目标，在成功的道路上青少年们应该永不知足。

比尔·盖茨常对青少年们说要“永不知足”。他之所以能取得常人无法企及的成功，很大一部分原因就是他不满足于所取得的成绩，永远有不断进取的激情，并且不断激励自己向更好的方向发展。比尔·盖茨的成功永不止步。比尔·盖茨很欣赏诺斯克利夫爵士的那种永不知足的进取精神。诺斯克利夫是伦敦著名的报纸《泰晤士报》的大老板，刚开始工作的时候，他每月有80美元的薪水，但是显然诺斯克利夫爵士对这样的待遇很不满意。后来《伦敦晚报》和《每日邮报》都归入他的麾下，但是他仍然对此不满足，他对成功有着更大的渴望，后来他又拥有了著名的《泰晤士报》。

诺斯克利夫不仅自己永不知足，对他周围的人他也有这样的要求。有一次，他注意到一个员工的面孔很陌生，于是他在员工的办公桌前停了下来，并和他交谈起来。诺斯克利夫问：“你是新来的助理编辑吗？来了有多长时间了？”那位助理编辑紧张地回答：“已经有三个月了，先生。”“那你现在对自己所做的工作掌握了吗？是否喜欢现在的工作？”助理编辑回答说：“是的，先生，我已明确知道自己应该怎么做，我很喜

欢现在的工作。”诺斯克利夫接着问：“这很好，那你现在的薪水是多少，对你现在的收入你感到满意吗？”这位员工很坚定地回答：“我现在拿一周5英镑的薪水，对此我感到很满意。谢谢您。”一直微笑着的诺斯克利夫听到这话后突然严厉起来，他说：“你要知道，我可不喜欢我的职员因为一周拿5英镑就能感到满足。好好干吧。”

在我们的周围很多人一生庸庸碌碌，一事无成。究其原因，大部分是因为太过安于现状，不去争取获得更大的成功，结果他们注定不能成功。找工作只求平稳、轻松，即使薪水微薄也不在意呢，每天都在毫无激情地重复着单调的事情，最为可悲的是他们还会认为人的一生可以做的也就只有这些了。要求自己上进的第一步，是要让自己不满足于停留在现有的位置上。不满足于现状的感觉可以帮助我们勇敢地迈向成功。

《羊皮卷》中有这样的教诲：“我为成功而生，不为失败而活；我为胜利而来，不为失败而活；我要欢呼庆祝，不要啜泣哀诉。没有天生就注定会成功的人，也没有天生注定失败的人。”很多人羡慕、嫉妒比尔·盖茨这样的成功者，然而从来不想自己做个成功者。他们会抱怨，我受教育程度不高，我知识有限，我出身贫寒，我长相平凡，我身体不好，我怎么能成功呢？

其实这些都是借口。在我们面对难以成功的压力时，我们常常会安慰自己成功是少数人的专利。但是其实自己也知道：成功的大门对任何人都是敞开着的。成功是一位最宽厚、最仁慈的仙子，她善待每一个向往和追求她的人，她丝毫不计较你具备或不具备某种特征或条件。在成功面前人人平等，人生来就是为了追求成功的，不应在失败中自怨自艾。

作者手记

其实，成功的大门对任何人都是敞开着的。关键是你是否期待成功，如果连自己都不期待，不相信能成功，那么这个人就注定只能在成功的门外徘徊。

比尔·盖茨说："假如有一天我失败了，我并不为此感到沮丧，因为我努力过，追求过，并且已经成功过。我相信自己还会成功。"想要做一个成功的人就要有伟大的目标，正确的奋斗方向，并且还需要具备永不放弃的执着信念与努力，这就是比尔·盖茨成功的秘诀之一。

别希望不劳而获

"高中刚毕业你不会一年挣4万美元，你不会成为一个公司的副总裁，并拥有一部装有电话的汽车，直到你将此职位和汽车电话都挣到手。"

2008年，曾经多年稳居世界首富的比尔·盖茨宣布退休，同时他还宣布，要把自己580亿美元的全部财富回馈给社会。那时候他的长女詹尼弗才12岁，儿子罗里9岁，小女儿菲比才6岁，面对幼小的孩子，比尔·盖茨夫妇"狠心"地决定不给自己的子女留一分家产。当众人对他的这个决定感到疑惑时，他解释说："拥有不劳而获的财富，对于站在人生起跑点的子女来说并非好事。"比尔·盖茨向孩子们灌输最多的是节俭、个人奋斗等价值观念。 他通过这种方式让自己的子女明白，天下没有免费的午餐，不劳而获会让他们失去独立自主的能力，失去勤奋努力的美好品质。

比尔·盖茨说：“你能够使成功成为你生活中的组成部分，你能够使昨日的理想成为今天的现实。但是，靠愿望和祈祷是不行的，必须动手去做才能让你的理想实现。天下没有免费的午餐。”我们常用“万事如意”、“一切顺利”等美好的词语来表达祝福，但我们也要清醒地认识到，那只是美好的祝愿而已，真正的生活中充满了不如意的事。我们不可能保证事事顺心，但是我们可以设法让事情朝顺利的方向发展，而不是抱有侥幸心理，期待成功的主动降临，这样的人生既没有发展也没有希望。

比尔·盖茨心目中的赚钱榜样洛克菲勒曾经说过这样一个故事，来证明企图不劳而获、吃免费午餐的行为是危险的。

美国一个偏僻的村庄里，有几头猪因为主人忘关院门而跑了出去，经过几代繁衍以后，这些猪变得越来越凶悍而且数量庞大，甚至开始威胁经过那里的行人的安全。几位经验丰富的猎人很想去捕获它们为民除害，但是，这些猪却非常狡猾，从不上当，村民们都很着急，但是没有什么好办法。

有一天，一个老人赶着一头拖着两轮车的驴子，车上拉着许多木材和粮食，走进了野猪出没的村庄。当地居民好心地说：“老人家，你要干什么去，前边有野猪，很危险啊！”老人笑嘻嘻地告诉他们：“我就是来帮助你们抓野猪的。”众乡民一听就嘲笑他说：“老人家别开玩笑了，连最好的猎人都不能抓到它们，你这么大年纪了，怎么可能呢？”

但是，几个月以后，老人回来告诉村民们，野猪已被他关在山顶上的围栏里了。

整个村庄都沸腾了，村民们既兴奋又好奇，追问那个老人：“老人家你是怎么做到的呢？”

老人解释说：“首先，要找到那些野猪经常出来觅食的地方，然后我就在空地上放一些粮食作诱饵。那些猪起初吓了一跳，最后还是好奇地跑过来，闻粮食的味道。很快一头老野猪吃了第一口，其他野猪也跟着吃起来。这时我知道，我肯定能抓到它们了。

“第二天，我又多加了一点儿粮食，并在不远的地方竖起一块木板。那块木板暂时吓退了它们，但是那免费的食物很有诱惑力，所以不久它们又跑回来继续大吃起来。当然野猪们并不知道它们已经是我的了。此后我要做的只是每天在粮食周围多竖起几块木板，直到我的陷阱完成为止。

“每次我竖起一块木板，它们就会远离一些时间，但最后都会进来吃‘天上掉下来的馅饼’。围栏造好了，陷阱的门也准备好了，而不劳而获的习惯使它们毫无顾虑地走进围栏。这时我就出其不意地收起陷阱，那些白吃午餐的猪就被我轻而易举地抓到了。”

原本聪明狡猾的野猪因为贪图一点儿送到嘴边的食物，全都进了囚笼。洛克菲勒的这个故事让很多追逐财富的人警醒：如果你希望不付出劳动就获得财富，最后很可能得到一个适得其反的结果。这是一个多么简单的道理，却得不到人们的足够重视。

智慧之书的第一章，也是最后一章，是天下没有免费的午餐。如果人们知道想出类拔萃，就必须以努力工作为代价，大部分人会因此而有所成就。而吃免费午餐的人，迟早会连本带利付出更为惨痛的代价。青年人应该学会依靠自己的力量奋斗出自己灿烂的未来，应该清醒地认识到，不劳而获的“利”往往是“害”的影子。世上没有免费的午餐，也没有白来的利益。刚刚踏上社会的年轻人会遇到形形色色的诱惑，在这些诱惑面前要认真思考：“这种好事怎么会落在我头上？”多一分小心谨慎，才能少一些危险和磨难。凡事有利必有害，而“免费的午餐”背后更可能隐藏着大害。自古至今，只有能明事非、辨利害，才能不会身受其害。

作者手记

成功从来都不会自动降临，即使是运气好，大获成功，这样的成功也不会长久。抱着侥幸心理等待成功的行为本身就是不光彩、不磊落的，因此不能把自己得到的东西正大光明、理直气壮地展现给众人。等待运气，依靠侥幸心理是无法实现美好人生的，想要依靠侥幸心理来获得财富也是很难实现的愿望。勤奋才是成功的必由之路。

态度决定一切

“这些人每天都应该一面工作，一面想着‘我要赢’，这意味着周末在微软加班并不是什么新鲜事儿。”

卡耐基曾经说过：“态度决定一切。”盖茨对这句话非常欣赏，他本人及他的员工都是这句名言的实践者。微软公司的成功是建立在员工高效而勤恳的工作上的。在微软公司，从公司的“领袖”比尔·盖茨到普通的职员，他们的工作态度都是戒骄戒躁、稳步向前的。

比尔·盖茨的生活极其紧张，3天不睡觉对他来说是家常便饭。曾经有一位朋友说过，他36个小时不睡觉是常有的事情，然后倒头再睡上十来个小时。他的员工也同样玩命工作，不知疲倦，更奇特的是他们全都乐在其中。

在微软，投机取巧是没有市场的。比尔·盖茨和微软的高层在招聘人才时会把态度作为一条非常重要的考核标准。在微软公司，一个员工一旦懈怠，就马上面临被解雇的危险。在微软公司的办公室内，全体成员身上都焕发着比尔·盖茨所提倡的那种精神——努力勤奋、精益求精、永不言败。员工们聚精会神的工作，个个孜孜以求，只听到一片电脑键盘的敲击声。

在微软，周末休息时，还有不少人加班，特别是进行程序设计时。有时候盖茨反倒要劝说大家悠着点儿，别太玩命。甚至有时候他会采取强制措施，比如把办公室门都锁上，实行强制性休息。“你在这样的公司工作，成天看到你身边的人，尤其是公司老板，都在努力工作，你自己难道还好意思慢吞吞地磨蹭？”一位来到微软公司临时打工的大学生这样对别人说。

比尔·盖茨认为，“懒惰、好逸恶劳乃是万恶之源，懒惰会吞噬一个人的心灵，就像灰尘可以使铁生锈一样，懒惰可以轻而易举地毁掉一个人，乃至一个民族。”

很多管理者都认同这样的观点：人不聪明不可怕，可怕的是做事情太懒惰。因为懒惰是一种堕落，具有毁灭性，它就像精神腐蚀剂一样慢慢地侵蚀你，懒惰最终会使你陷入困顿的境地。懒惰就是试图逃避困难的事，图安逸，怕艰苦，人一旦长期躲避艰辛的工作，就会形成习惯，最终形成不良性格倾向。比尔·盖茨说：“很多人喜欢拖延，他们对手头的事情不是做不好，而是不去做，这是最大的恶习。”拖延会让生命大打折扣，而且它还具有积累性。

那些对自己的事业不能勤勤恳恳地去努力的人不可能成为一个成功者，成功只会光顾那些辛勤劳动的人们。比尔·盖茨经常引用斯坦利·威廉勋爵的这样一段话来勉励微软的员工勤奋工作：“一个无所事事的人，不管他多么和气、令人尊敬，不管他是一个多么好的人，不管他的名声如何响亮，他过去不可能、现在不可能、将来也不可能得到真正的幸福。生活就是劳动，劳动就是生活……”

作者手记

职场中，很多人都认为成功只属于少数幸运者，而自己仅仅是一个为了生存而工作的员工，自己辛勤劳动、付出时间以及提供相应的能力，就是为了换取一份公司给予的薪水而已。

事实上，当你认为工作只是谋生的一种手段时，就已经走入了一个误区。你会在工作中总是先考虑老板是否给予了你合理报酬，你总会觉得老板亏待了你，自己付出太多而待遇却并不理想。而过于在意眼前的各种利益，会让人忽视自身能力的提高，忘了主动、用心为公司做好工作。

为什么在同一岗位上，有些人业绩平平而有些人却业绩优秀？这完全取决于他们是否用心去做。简言之，想要让你的工作出类拔萃，先要改变你对工作的态度。

成功都源于自律

“如果你认为你的老师严厉，等你有了老板再这样想。老板可是没有任期限制的。”

比尔·盖茨曾经动情地说：“我们唯一能做的便是控制我们的头脑，如果我们不能控制它的话，别的力量就会来左右它了……”一个我行我素、对自己不能严格要求的人，是难以在某一个领域取得巨大成就的。因此我们每个人都要自律，约束自己的不良行为。

会制约自己的人，会更好地发展自己，这样的人能清楚地知道什么样的事情可以做，什么样的事情不能做，也能清楚地知道什么时候做什么事，该如何去做。比尔·盖茨说："坚持自己该做的事情，是一种勇气。绝对不做那些良知不允许的事，是另一种勇气。"有了这种勇气，我们就能为着预定的目标，选择该做的事，舍弃不该做的。

制约自己是一种自我强制的行为，它不仅表现在对精力的运筹上，还表现在对时间的调度上；不仅表现在对其他专业的兴趣控制，也表现在对娱乐活动、交友方面的制约。每个人的时间精力都是有限的，如果不对自己加以制约，我们就会轻易地把自己的时间和精力浪费在一些没有价值的事情上。自律要求我们要具有顽强的意志和毅力，这种意志是一个逐步积累的过程。平时，要从调节自己的情绪起步。被自己的思绪控制其行动的人是弱者，能用行动控制自己情绪的人是强者。比尔·盖茨谈到自己对抗坏情绪的方法时说："如果我觉得沮丧，我就唱歌；如果我觉得悲伤，我就大笑；如果我觉得无法胜任，我就想想过去的成就；如果我觉得无足轻重，我就想想我的目标。"平时注意把自己的情绪调试到最佳的状态，长时间地坚持下去，就能增强自己的聚焦意志，使聚焦效应结出丰硕的成果。

加强自律，尤其是在无人监督的情况下。如果只在别人注意时才有好的表现，这样的人永远无法达到成功的巅峰。一个优秀学生的表现应该是无论师长、同学在不在场，都会认真刻苦地学习；一个优秀员工的表现应该是无论老板在不在，他都会一如既往地努力工作。每个人都应该清楚，学习与工作并不是做给别人看的，当我们一个人独处的时候，更要注意自己的品德和行为，不要因为无人知道就放松自己，甚至放纵自己。

初入职场的年轻人更应该注意加强自律，很多人就是因为不能严格要求自己而出了问题。年轻人最容易犯的错误，就是放松对自己的要求。看到大家都没有完成该做的工作，自己也就心安理得地不做；明明今天可以完成的计划，抵挡不住球赛的诱惑，就把自己的计划暂时搁置；和朋友约好要保密的事情，一时心痒就说出来给大家听……这些事看来很微小，却在慢慢啃噬着美好的将来。

培养自律的精神，理应加强自我管理，但是也应该注重利用周围人让自己变得更加完美。我们的身边总都会有一些人给我们批评和建议，面对这些的批评建议，我们应该冷静地分析，虚心地接受。比尔·盖茨认为，一个人无论什么时候都要虚心接受批评，尤其是处在成长中的青少年人。但是对于周围人的批评建议，不同的人有不同的态度。有的人自以为是，面对批评会恼羞成怒，还会对批评自己的人心生怨恨；有的人太过谦虚又谨慎，面对各种批评建议不加分析通通接受；有的人表面接受，实际上却怪别人多事；还有的人要面子，即使认识到了自己的过错也不愿意认错。以上几种人都算不上是懂得接受批评、听取意见的人。面对批评的最佳态度应该是从积极的方面来理解别人的批评，应该把别人的批评看作是改进自己工作、完善个性、克制情绪、提高心理承受力以及激发斗志的机会。

每个人都会犯一些大大小小的错误，多少都会挨过批评。比尔·盖茨

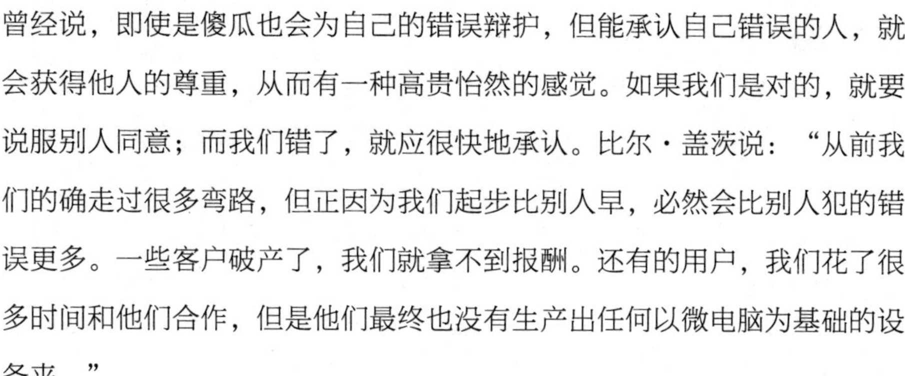

曾经说，即使是傻瓜也会为自己的错误辩护，但能承认自己错误的人，就会获得他人的尊重，从而有一种高贵怡然的感觉。如果我们是对的，就要说服别人同意；而我们错了，就应很快地承认。比尔·盖茨说：“从前我们的确走过很多弯路，但正因为我们起步比别人早，必然会比别人犯的错误更多。一些客户破产了，我们就拿不到报酬。还有的用户，我们花了很多时间和他们合作，但是他们最终也没有生产出任何以微电脑为基础的设备来。”

微软的电子表格Multiplan，不是仅仅依赖于新一代电脑——IBM 个人电脑的出现，而是以8位电脑为目标，但这是一个巨大的失败。以后当比尔·盖茨和同事们谈论“就系统要求来讲我们的目标是否定得太低”的时候，他经常会想到，这次会不会又像Multiplan一样失败？因为当时他们的Multiplan真的是一个相当不错的产品，问题是比尔·盖茨的基本决策出现了失误。

我们每一个人都会犯很多错误，人非圣贤，孰能无过，面对别人对我们的错误进行批评指责时，要虚心地接受。比尔·盖茨除了很重视朋友及家人的意见外，还很重视竞争对手的批评。他常常说：“竞争对手的意见常常比我们对自己的看法中肯得多。”可是往往我们一听到有人在批评自己时，在连对方的批评意见都没有搞清楚之前，就本能地替自己开解、辩护、寻找各种借口。遭到别人批评而心情郁闷的时候，不妨想想下面的话：因为我们不可能做到完美的程度，让我们请别人给自己很坦白的、有用的、建设性的批评。

作者手记

如果一个企业中有许多自律的员工，那么该企业不但在管理方面较为轻松，也能收获较多的效益。对企业而言，最有效并持续不断的管理是触发个人内在的自我管理，而不是强制。许多企业在推行人本管理的过程中花费了大量的时间和精力，效果却不甚理想。为什么呢？就是没有紧紧抓住最为关键的那个部分——帮助和引导员工实现自我管理。因为，现代企业的员工有更强的自我意识，工作对他们来说不仅意味着“生存”，更重要的是，他们要在工作中实现自己的价值。一个公司管理者假如没有认识到这一点，那就无法赢得他下属的支持。

重视习惯的力量

“不良的习惯会随时阻碍你走上成名、获利和享乐的路。”

约束自己一时容易，难的是一直管理好自己，严格要求自己，要把自律培养成为一种习惯。因为习惯的力量是强大的，它对我们的人生之路有很大的影响，它是人生无价的财富和资本。人一旦养成习惯，就会自觉地在这个轨道上运行。如果养成一些不良习惯，潜移默化之中，人们就会被这些坏习惯所奴役，阻止人们前进的步伐。生活中往往正是我们不知不觉中养成的坏习惯，成为我们获得幸福与事业成功的大敌。

事实上，成功者与失败者唯一的不同就在于他们有不同的习惯。良好的习惯，是开启成功的钥匙，不良的习惯则是通往成功之路的绊脚石。因此，要遵守的第一个法则就是：要养成良好的习惯，并尽全力坚持实行。养成好的习惯，反复做一件有意义的事情时，慢慢地，我们就会喜欢去做，慢慢地就会把优秀变成一种习惯。

比尔·盖茨曾在多次在接受访问时说，是他的好习惯帮助他成就了事业的成功。他认为人最重要的几种好习惯分别是守时、精确、坚定和迅速。没有守时的习惯，就会浪费时间，虚度生命；没有精确的习惯，人们就会损害自己的信誉和形象；没有坚定的习惯，人们就无法把事情坚持到成功的那一天；如果没有迅速的习惯，原本人们可以得到的成功的好时机就会与人们擦肩而过。

习惯的力量巨大，它甚至可以主宰人生。“播种行为，就收获习惯；播种习惯，就收获性格；播种性格，就会收获命运。”

比尔·盖茨认为好的习惯主要依赖于人的自我约束，或者说是依靠人对自我欲望的否定。好习惯不容易养成，可坏习惯却容易得多，一旦养成坏习惯，它们就会像杂草一样，随时随地都能肆意生长，同时它也阻碍了美德之花的成长，使一片美丽的园地变成一片荒芜。那些恶劣的习惯一朝播种，往往多年都难以清除。

给自己一段时间，总结一下生活中的成功与失败，寻找一下成功与失败的根本原因，把这些原因一条条清晰地写下来，再把生活中所有的习惯写下来，看看哪些习惯是好习惯，哪些是坏习惯。如果自己想不清楚，就求助于那些了解自己的人，他们能较为准确地指出我们的优点和缺点。当把成功的原因和好习惯列成一栏，把失败的原因和坏习惯列成一栏之后，我们就会惊奇地发现，我们所取得的成功正是来源于平日养成的好习惯，而那些失误与失败往往与不良习惯有关。

达尔文曾经说过，不管社会如何发展，生存得好的一定是那些平日里养成良好习惯的人。虽然有些残酷，却是一条经由实践检验证明的道理。人们常说，习惯成自然，当一个人将陋习也当成自然时，他必将走向失败。有些人习惯衣衫不整、头发凌乱地出入公众场合；有些人习惯迟到、消极怠工，在众人心中，他早已成了自由散漫、没有责任心的代名词；有些人习惯寻找诸多借口，无论别人提出的批评意见多么富有建设性，他都会搬出一大堆理由辩驳，推卸责任，给人留下的印象就是胸襟狭窄、刚愎自用……于是，当有些人将陋习视为自然的时候，他将会品尝到自酿的苦果。

我们必须承认，在我们的身上或多或少都有一些不好的习惯。习惯是慢慢养成的，不管我们有没有意识到，这些习惯对我们的成功无疑构成了潜在的威胁，因此，改变是必须的。特别是在知识经济年代，外界总是瞬息万变，原来已经形成的一些习惯可能造成我们适应不了社会，如不及时调整或改变，势必对成功带来不利影响。

改变是不容易的，因为对一贯的做法已经很自在、很舒服，所以，人都有一种本能去抗拒改变的倾向。但是，阻碍成功、妨碍前进的坏习惯必须改掉，理智的做法就是正视改变、接受改变、迎接改变。

为了获得幸福和事业成功，我们应该坚决摒弃那些坏习惯，致力于好习惯的培养和完善。在生命的过程中，只有不断地“一日三省吾身”，不断地剔除那些妨碍我们走向完善的荆棘，我们才能不断地缩小与成功的差距，直至获得成功。我们一定要养成良好的行为习惯，为将来的成功人生奠定良好的基础。

作者手记

严于律己，对自己有严格要求的人，不妨把自己的原则说出来给大家听，一方面可以让更多人监督自己，从而更加严格地遵循原则与要求；另一方面，朋友们也不会拉着我们去做违背我们要求的事情了。鲁迅小时候经常迟到，他就在桌上刻了一个“早”字，从此就再也没有迟到过。不要在泥水中洗脚，也不要在境况不如自己的人中间找勇气，而是要看到一个更成熟、更美好的未来在等待着自己去实现。对自己有更高要求的人，一定会成为更优秀的人。

第五章

微软是一流的公司，为网罗一流的人才不遗余力

有人才，才有微软

“微软只要坚持大力网罗一流人才的传统，就可以进军世界上任何一块领地或行业。”

2008年2月，当媒体以“为什么雅虎值400亿美元”的问题询问想要收购雅虎的比尔·盖茨时，比尔·盖茨的回答令人惊讶：“我们看上的并非是该公司的产品、广告主或者市场占有率，而是雅虎的工程师。”他表示，这些人才是微软未来扳倒Google的关键。

“千万不要错过那些好小子，一旦发现必须下定决心，不然你会与他们失之交臂！”比尔·盖茨历来重视网罗人才。微软公司每年接到来自全世界各地的求职申请达12万份。面对如此众多的求职者，比尔·盖茨仍不满足，他认为还有许多令人满意的人才没有注意到微软，因而会使微软漏掉一些优秀的人。

不论是在世界上哪个角落，只要有他中意的人才，比尔·盖茨都会不惜任何代价将其请到微软公司，如微软公司最重要的领导和产品研发大师吉姆·阿尔琴。当年，比尔·盖茨通过朋友多次联系他，请他加入微软，吉姆·阿尔琴都置之不理。可是还是禁不住比尔·盖茨的再三邀请，吉姆·阿尔琴终于答应面谈。他一见到比尔·盖茨就毫不客气地说："微软的软件是世界上最烂的软件，实在不懂你们请我来做什么。"比尔·盖茨不但不介意，反而谦虚地对他说："正是因为微软的软件存在各种缺陷，微软才需要你这样的人才。" 吉姆·阿尔琴被比尔·盖茨的诚心感动，终于答应到微软工作。在进入微软工作后，吉姆·阿尔琴成为了Windows系统开发的负责人，世界上最普遍的操作系统才得以诞生。

比尔·盖茨安排的很多"面试"，不是在考人家，而是在求人家。用微软研究院副院长杰克·巴利斯的话说，是在"推销式面试"。 在西方记者撰写的关于微软的书籍中，多次提到一件事情：加州"硅谷"的两位计算机奇才——吉姆·格雷和戈登·贝尔，在微软千方百计的说服下终于同意为微软工作，但他们不喜欢微软总部雷德蒙冬季的霏霏阴雨。比尔·盖茨听说后，马上在硅谷为他们建立了一个研究院。

微软帝国到现在已经走过了30年的历程。从最初的两个人发展到现在的三万多人，一跃成为软件行业的霸主。微软一直创造着知识和经济的奇迹，被称为"迄今为止世界上最大最富有的致力于个人电脑软件开发的公司"。微软公司之所以一路高歌猛进，与比尔·盖茨唯才是举、求贤若渴的态度分不开。

在盖茨的用人观念影响下，微软的首要任务成了寻找致力于通过软件的开发来改善人们生活的人才，不管这样的人生活在何处，微软都要将他们网罗至旗下。这也成了微软在短短的时间内迅速崛起并保持独孤求败姿态的一个最好注解。

比尔·盖茨对人才非常重视，对他而言，一个宝贵的人才甚至比一个客观的市场更具有吸引力，因为有了人才，什么样的市场都可以开发创造出来。

微软还不断向海外扩张，公司在近六十个国家设有办事处，国际员工达六千两百名。比尔·盖茨说：“我们借助外国技术员工的数学、科学和创意能力，以及他们的文化认识，来协助我们针对世界各地的市场推出本土化的产品。”据估计，每名外国员工为公司年度营收赚进一百万美元。

比尔·盖茨预测，百年之后，在计算机网络走向衰落的时候，必将是生物工程兴起的年代。那时的微软，生物工程将是其主营业务。比尔·盖茨相信，不管时代发生怎样的变迁，微软公司都能持续兴旺，因为“重要的天然资源是人类的智慧、技巧及领导能力”，微软只要坚持大力网罗一流人才的传统，就可以进军世界上任何一块领地或行业。

作者手记

微软公司从一个只有两个人的小公司成长为国际上著名的电脑企业，靠的是什么？靠的是人。微软在发展过程中自始至终都在精心地实施着自己的人才战略。有许多企业家认为，组建公司很大程度上就是人才的整合。

中国企业家柳传志从动态、发展的角度来界定了人才的标准，他认为人才有三种类型：一种是自己能够做好一摊事；另一种是能够为公司带领一群人做事；第三种是能够制订战略。公司较小的时候，需要更多的是第一种人才；公司发展到一定程度，需要较多的是第二种人才；公司发展到比较大以后，第三种人才就尤显珍贵。

总体来讲，人才应该符合六个标准：一是有着共同的信念和价值观标准；二是忠诚与牺牲精神；三是审时度势、独当一面的指挥能力；四是搭班子、建队伍的管理能力；五是团结多数，使集体成员通力合作的协调能力；六是孜孜不倦、吐故纳新的学习能力。

择人有道，用人有方

“选择人才是一个难题，让人才的才能得以发挥更是一个难题。”

20世纪80年代，微软公司创立了一些新的职能部门，微软的最上级让这些部门的创始人员定义自己的工作性质和范畴。这些员工平均年龄不超过30岁，尤其是程序开发员，他们多数直接来自大学毕业生。

以前，微软公司在大学里进行特别的面试，被面试者一天之内要跟四位到六位面试者交谈。然后他们将与作决策的人交谈，优秀的人将被聘用。整个面试过程非常灵活机动，招聘人员是这个过程中的关键因素。好的招聘人员对于某些人的能力和品格有着不可思议的洞察力。他们深知，什么样的人更可能成为微软的一名优秀雇员。而只靠人事部门来招收人员的公司，其结果是往往失败的。

微软总部的面试工作全部由产品职能部门的人承担。测试员承担招收测试员的全部面试工作，开发员承担招收开发员的全部面试，以此类推。面试交谈的目的在于大致地判定一个人的智力水平，而不仅仅看应试者知道多少专业知识，或者有没有具备市场营销方面的专长。

微软面试时的一般性问题包括：估计密西西比河河水流量或美国加油站的数目。被面试者的答案通常并不重要，重要的是他们分析问题的方法。

因为程序开发员在公司的作用很重要，他们编定的代码就是微软的产品。所以招收开发员的程序非常严格。据麦克·梅普尔斯称，微软开发员们几乎花费了他们15%的时间来招收新开发员。一般来讲，一位普通应聘者在学校面试时会遇到一个开发员，在微软公司会有三个开发员对其进行面试，接着午餐时又会遇到另外一两个开发员，所以至少有四个到五个开发员面试一位最终候选人。在微软，开发员们相信，在面试中表现良好的人，在许多人急需产品时的最后期限里，更可能编写出过硬的代码，他们所需要的人员不能局限于为编程而编程，而是在追求个人挑战的同时乐于将产品投入市场——既为公司又为自己赢利。

你很难确定具备什么样的素质会成为一名微软的优秀测试员，要确定这种素质比凭借编码知识就能推断工作能力的情况要难得多。要做测试员，不仅要学习新软件并抓住主旨，而且要具备检查它的能力，所以微软需要寻找永恒的怀疑论者，他们从不认为任何事情是想当然的。他们不会因为开发员说软件能正常工作就随声附和，他们必须能够懂得电子表格的用途以及客户怎么使用它，他们调试它，把它推向极限，对于特性应怎样工作，测试员必须在另一方面比开发员更精明……

微软这种招聘人才的方式，令大多数的人失望而归。在大学里招收开发员时，微软通常挑选其中的10%至15%的人去总部进行复试，而最后仅雇用复试人中的10%至15%。总体上说，微软仅雇用参加面试人员的2%至3%。微软就是用这种严格的招聘方式使微软聚集了大批的贤才，为微软的发展作贡献。微软研究部副总裁瑞克·罗歇德在评价筛选过程时说："面试过程相当严格，我不敢保证筛选出了所有的优秀人才，但被筛选出来的肯定是优秀人才，他们具备一定的才能和天资，以及独立思考问题的能力。"

当然，对于比尔·盖茨来说，选择人才不是目的，如何使用人才并将人才的能力发挥到最大化才是难点。用人得当，择人任事，人尽其才，是盖茨的"3P"用人观。

1981年，微软已控制了个人电脑机的操作系统，并决定进军应用软件领域。盖茨决定把微软公司变成为开发软件和具有很强营销能力的公司。他打算既从事产品生产，又从事产品销售，全面投入市场竞争。但是，开发软件程序与市场营销相比，让盖茨感到头痛，在软件设计方面，微软的人才都是高手，而在市场营销方面，则找不出一个很懂得行情的人来。没有营销方面的人才，微软要想进入市场，谈何容易。

盖茨了解了问题所在，就四处打听，八方网罗。经过一番努力，终于挖来了罗兰德·汉森。他刚一上任，盖茨就任命他当公司的营销副总裁。虽然汉森在软件方面可以说是完全的"门外汉"，但是他在市场营销方面却有极其丰富的知识和经验。盖茨要汉森负责微软公司的广告、公关和产品服务，以及产品的宣传与推销。

汉森做事雷厉风行，上任第一天就给微软的员工们上了一堂生动的营销课："品牌会产生光环效应。只有让人们对品牌产生联想，产品才会更容易被接受。""当你用这个品牌推出新产品时，依靠品牌的荣光，它会更容易站住脚，更容易受欢迎。”汉森给这群只懂软件、不懂的市场的“市盲”进行了一次生动的启蒙教育，在汉森的带动之下，微软公司决定，从今以后，微软公司的所有不同类型的产品，都打出“微软”品牌。不久以后，这一品牌在美国、欧洲乃至全球都成为家喻户晓的名牌。

随着市场的日益扩大，特别是海外市场的开发，微软公司的经营范围也日益增大。这时公司第一任副总裁吉姆斯·汤恩显得江郎才尽，主动提出辞去副总裁的职务。盖茨费尽周折，终于找到了坦迪电脑公司的总裁谢利，请他到微软公司担任总裁的职务。谢利刚一上任，就对微软公司的人事进行大刀阔斧的调整。他把鲍默尔提升为负责市场业务的副总裁，把事务用品供应商更换了，并削减了20%的日常费用。微软在谢利的管理下，开始高速发展。

1983年，为了抢在可视公司之前开发出具有图形界面功能的软件，占领应用软件市场，微软开始了“视窗”项目，并宣布在1984年年底交货。可是直到1984年8月，“视窗”软件还没有开发出来，以致新闻界把“泡泡软件”的头衔“赠给”了“视窗”。在这种进退两难的情况下，谢利经过仔细调查，发现了其中的根源，除去技术上的难度以外，开发“视窗”的组织和管理十分混乱。谢利马上动手，进行全面整顿，把研究机构分成几个部分，指定专人负责；更换了“视窗”的产品经理，把程序设计的高手康森调入研究小组，负责图形界面的具体设计，盖茨则集中力量研究“视窗”的总体框架和发展方向。经过谢利这一番布置，“视窗”开发立见奇效，各项工作有条不紊，进展速度相当快。谢利的杰出管理才能令盖茨欣喜若狂。

1985年年末，微软向市场推出“视窗”1.0版，随后是“视窗”3.0版，这其中的成功不言而喻。这同时也说明了，汉森和谢利在微软向正规化公司发展的道路上功不可没。比尔·盖茨“择人任事、用人得当、人尽其才”的“3P”用人观，使微软公司很快步入了正轨。

作者手记

“人是世界上最宝贵的东西，只要有了人，什么人间奇迹都可以创造出来。”固定资产是有价的，而作为无形资产的人才却是无价的。企业的竞争归根到底还是人才的竞争。每一个企业无时无刻不在寻找那些能够推动企业发展、为企业创造最佳业绩的员工。对于这类员工，企业也会给他们丰厚的待遇和良好的发展空间。

那么，究竟哪一种员工才是企业所需要的人才？只有智慧出众、学历傲人的员工才能被称为人才吗？不是的，所谓人才，是能积极找方法解决问题和困难的员工。因为只有能够积极找方法的员工才能够为企业更好地创造出效益，才能够更好地弥补领导的不足，成为推动公司发展的关键力量。

以比尔·盖茨为例，无论择人、用人，他的标准都是寻找适合微软某个工作岗位的人，而不一定是行业内顶尖的专家。即使你很普通，但是如果能在你的工作岗位上发挥最大的作用、为公司创造尽量大的效益，那么，你就是公司所不可缺少的人才。

责任感成就大事业

“在微软员工必须对自己和自己的决定负责。”

“1965年，我在西雅图景岭学校图书馆担任管理员。一天，一位同事推荐一个四年级的学生来图书馆帮忙，并说这个孩子聪颖好学。不久，一个瘦小的男孩来了，我先给他讲了图书分类法，然后让他把已归还却放错了位置的图书放回原处。小男孩问：‘像是当侦探吗？’我回答说：‘那当然。’接着，男孩不遗余力地在书架的迷宫中来回穿梭，中间休息时，他已经找出了三本放错地方的图书。第二天，他来得更早，而且更加不遗余力。干完一天的活后，他正式请求我让他担任图书管理员。又过了两个星期，他突然邀请我上他家做客。吃晚餐时，孩子的母亲告诉我他们要搬家了，要去附近的一个住宅区。小男孩听说要转校，有些担心，他对我说：‘我走了谁来整理那些站错队的书呢？’我一直记挂着他。但没过多久，他又在我的图书馆门口出现了，并欣喜地告诉我，那边的图书馆不让学生干，妈妈把他转回我们这边来上学，由他爸爸用车接送。他补充说：‘如果爸爸不带我，我就走路来。’我当时心里便有数，这小家伙的决心如此坚定，又浑身充满责任感，这世上没有他做不成的事。不过，我可没想到他会成为信息时代的天才、微软电脑公司的创造者、美国首富——比尔·盖茨。”

这是卡菲瑞先生回忆起比尔·盖茨小时候写下的文字。

从中我们看出，许多伟大或杰出人物身上，总有优于常人之处或早或迟地显示出来。比尔·盖茨对待图书馆工作这样的小事，就已经表现出一种超乎同龄人的责任感，难怪他能在信息时代叱咤风云。一个人有没有责任感，并不仅仅体现在大是大非面前，而是大多体现于小事当中。一个连小事都不能负责任的人，又怎能在大事面前担当责任呢？

与比尔·盖茨的处世风格一样，在微软，所有的员工都必须具备责任感。比尔·盖茨认为，这是取得卓越的关键。微软公司管理的一个独到之处是充分授权，这与比尔·盖茨的个人观念和微软公司特殊的历史、文化有关。微软早期主要由软件开发人员组成，强调独立性和思想性。所谓充分授权是指领导在让下属在本管理者权力许可的范围内自由发挥其主观能动性。这样的授权方式，虽然没有具体授权，但它几乎等于将权力大部分下放给属下。这种方式的优点在于能使属下在履行工作职责的同时，实现自我，充分发挥主观能动性和创造性。但是这种授权需要具备一个前提，那就是授权对象必须具备较强的责任心和工作能力。

许多进入微软的员工在第一天上班时就会发现，想在微软如鱼得水，必须随时做好准备，遇事不能优柔寡断，搞清楚自己哪些方面需要学习，不懂的地方要勇于发问。在微软，员工必须对自己和自己的决定负责。

在微软（中国）公司的市场推广部，每一个产品项目下，都有一个产品经理。像负责桌面应用系统的罗经理，负责制定和完成在整个国内市场的产品定位和推广计划等一系列的工作。这符合年轻人喜欢独当一面的特点，年轻人在微软工作觉得有足够的挑战性和吸引力。

公司一些高层人员在写工作报告时，常说一句比较中国化的词，叫“责任到人”。这表明公司非常重视人的作用，愿意给予员工提供充分的空间，发挥他们最大的作用和潜能。事实上，微软这种授权的行为已经被放大到了极点，员工有决定自己工作方式的自由，这确实令人振奋。

微软鼓励员工创新，继而对工作产生责任；充分授权，让员工把工作当成自己企业般去经营；主宰工作而非让工作主宰；非官僚的管理方式，让员工与管理阶层能够彼此合作、互相支持；认为团队中的每个成员都同样重要，共同为一个卓越的目标全力以赴；重视维护员工的自尊并尊重他们的能力，让每个人对自己的工作产生热情及使命感，相信自己的产品及微软。

更重要的是，由于微软充分应用互联网，全球范围内每个竞争领域的成本和盈利及数据和信息变得透明，从而公司能够充分授权，员工可以快速决策，这些决策以前只有CEO或是财务总监才能做出。一线的经理能够在每个季度结束后的第一个星期就知道，为什么原订目标未能达到，是因为网络问题、零部件问题还是因为竞争加剧？这极大地提高了效率。

而在高层，这种情况更为明显。几年前，当比尔·盖茨生平第一次意识到自己专长在于敏锐得近乎离奇的预见力时，他将CEO一职及公司所有员工都交给了鲍尔默。当然，放弃意味着更多的拥有，他担任了微软首席软件设计师，可以将绝大部分时间用于自己最挚爱的事业。他的亲友、同事甚至他自己都认为，这是以聪明著称的比尔·盖茨最明智的一次举动，甚至足以让所有竞争对手肃然起敬。

鲍尔默在担任微软的CEO之前像个果断的老板，凡事喜欢一手抓，而且总是在最前台鼓舞士气。但是做了CEO后，他放权给公司7大部门的负责人，不再做每件大事的最后决定人，而更支持7个部门负责人的成长。他不再做一个最有煽动力的拉拉队员，而是一个幕后的教练。他把自己对竞争对手的研究转换成对人才的研究。

微软公司注重员工的分工合作，强调每一环节、每一个人所承担的责任，可以说，责任感是公司高效运转的保证。

作者手记

作为一个从事某项工作的员工，关心自己的利益无可厚非。但是，对于一个员工来说，最重要的是责任，责任高于权力和利益，如果只看重自己的权与利而不能尽职尽责，就很难成为一个真正的好员工。

一名优秀的员工必须正确地处理好责、权、利三者的关系。在实际工作当中，不断培养自己的责任感，培养自己认真负责的态度。

信任就是生产力

“如果只是用优厚的待遇去招揽人才，或许能吸引一些人才的加入，但是一个让人感到舒适的工作环境更能吸引并且长期留住所有最佳的人才。”

当今美国硅谷的科技人才流失率在30%以上，但在微软的研究院中，人才流失率不到 3%，其中亚洲研究院的流失率仅为0.1%。人们在微软的最大感触是，每一个人都特别快乐，特别热爱和珍惜他的工作。在微软，每个员工都保持极高的工作热情以及对微软公司充满了热爱与归属感。这又再一次证明了比尔·盖茨出色的管理才能。

比尔·盖茨认为，如果只是用优厚的待遇去招揽人才，或许能吸引一些人才的加入，但是一个让人感到舒适的工作环境更能吸引并且长期留住所有最佳的人才。微软就为它的员工们提供了一个令其着迷的工作环境，在这里，员工们可以充分保持个人的独立性。

微软总部设在风景秀丽的西雅图北区，四周都是葱郁的树木。比尔·盖茨希望微软的员工能因此而骄傲，并由这种骄傲产生依恋和归属感。1985年，公司在讨论设计方案的时候，比尔·盖茨就明确指示：所有楼房都设计成X型，让每间房子的窗外都可以看到郁郁葱葱的树木，每间房子只能给一个人。他在会上说：“我们这些姑娘和小伙子，在进大学前，几乎足不出户。现在我们把他们带到这荒野外的地方，应该想方设法让他们觉得舒适。”

除了舒适的环境，微软的管理制度也让员工们感到随性而轻松。许多公司常常是一大堆的繁文缛节，把员工当成低能儿或准囚犯。这些公司似乎相信只要立下各种规范和条例，就可使最笨的人也不会犯错，同时使所有人都有所遵循，这种防弊重于兴利的方式处处可见。但比尔·盖茨从来不这样做，而是把尽量把事情简单化，因为他认为自己的员工都很聪明，应该信任员工，让员工自行作决策，如果有员工不守法，他会单独针对这个员工处理，而不是把所有员工都一棒子打死。

在微软总部里，所有成员每人都享有同等的约11平方米的单间办公室，在里面可以听音乐、调整灯光，做自己的工作，可以在墙壁上随意贴自己喜欢的海报或在桌上摆设自己喜欢的东西，让这间办公室像自己的一个家。X型的双翼和各种各样的棱角使每个办公室的窗户增多，员工可以很好地欣赏附近的风景。

在微软，无论是开发人员、市场人员，还是管理人员都可以保持个人的独立性。不管你是新来的大学生，还是高级管理人员，或是老牌的微软人，大家全部一样。这种工作环境体现了微软崇尚高度独立的企业文化，比尔·盖茨认为，只有在一个独立的富有个性的环境中，软件开发人员的智慧才有可能最大限度地发挥出来。

而最为不可思议的就是，比尔·盖茨没有在公司设定工作时间表，他让员工自己选择工作时间，结果大多数人为了完成工作，都比一般上下班的人工作的时间来得长，微软要求的是完成工作，而非工作时间的长短。

比尔·盖茨这样独到的管理风格给了员工们充分的信任和空间，让员工尽情地发挥他们的潜能和创造力。

在微软研究院，微软从不规定研究人员的研究期限，只是对开发产品的技术人员规定了期限。“真正的研究是无法限定期限的，因为都是一些未知的东西，但开发必须有期限，这是研究与开发最根本的区别。但是，我如果花了两年时间还没有研究出结果的话，我就会认为这个题目可能不是一个非常好的题目，我往往会放弃它。”

担任微软首席技术官的巴特对比尔·盖茨在员工信任方面的做法颇有感触。52岁的他在比尔·盖茨亲自面试下进入微软公司。在微软，他得到了相当宽松的工作环境，除了比尔·盖茨有时向他请教一些问题外，几乎没有别的人来打扰他。他对此非常感激地说道：“微软也不给我派什么任务，也不规定研究的期限，我可以一门心思地钻研一些我感兴趣的问题。有时，盖茨来问我一些很难解答的问题，比如大型存储量的服务器其整体架构应该是怎样的？像这一类的问题我一般都不能马上回答，而要在一两个月之后才能给答复，因为我要整理一下材料和思路。”

在这种充分的信任下，巴特既不需要从事繁重的产品开发工作，也不需要进行烦琐的行政管理工作，只是安安心心从事自己喜爱的科学研究就可以了。大多数时间他都待在微软研究院里，即使几个月、一两年都没有研究成果，他的薪金和股份也不会受到影响。在这种轻松的工作氛围召唤下，谢利、鲍尔默、西蒙伊、莱特温等相当一批顶尖人才聚集到了微软的旗下。比尔·盖茨对此颇为自豪地说：“这都是些重量级的思想家。”

当然，比尔·盖茨的苦心经营和充分信任换来的并不是员工们的碌碌无为，而是非常良好的效果。因为员工们有了足够的空间去发展自己的才能，追求自己的梦想。微软公司注重员工们的独立，但并不是放任自由。微软公司的企业文化强调“为结果、承诺和质量负责”。每个员工在工作中都应制订切实可行的目标，并为该目标负责，如果达到目标，就可以接受公司的褒奖，如果没能完成目标，就应当接受相应的惩罚。在微软，员工在开发产品上都有一种永不知足的精神，他们总是觉得产品还有可改进的地方，不能只满足于“足够好”，而必须达到“非常好”，这也是微软能始终保持成功的原因之一。

作者手记

老子说，大功告成，诸事办妥，老百姓都认为我本来就是这样自自然然的。也就是说，完成功业的过程没有受他人强制的感觉，是人们的本性使然。人有趋利避害的本性；有被习惯左右行为的本性；有依靠共通的文化习俗求生存的本性；有创新并适时改变自己的习惯和习俗以适应外界环境的本性。顺着这些本性去完成功业，人们会觉得原本就如此，很顺当，不会有牵强和被强迫的不满感觉，完成功业也就自然而然。

比尔·盖茨在管理中做到了老子所描述的这种境界。盖茨的做法与微软特殊的历史、文化有关。早期的微软主要由软件开发人员组成，强调独立性和思想性，因此，微软的特点是“赋予每个人最大的发展机会”。微软在人才引进时标准很高，因此微软的员工素质都非常高，员工在自主状态下彼此竞争，使得整个团体的表现都极其出色。微软的员工有权对他们进行的工作作任何决定，因此他们的决策和行动非常迅速，工作非常有效率。信任员工，让员工放手去做，这也是微软始终保持成功的原因之一。

第六章

我的成功有一大半要归功于那些好搭档

寻找适合的创业伙伴

"一个好搭档对事业有特殊的意义。"

在事业上，能找到一个志同道合、相互扶持和相互信赖的搭档无疑是幸运的，这比起在单打独斗的困顿中艰难跋涉要轻松得多，而且取得的成功也将更大。巴菲特与比尔·盖茨相交甚深，他与盖茨一样，十分看重搭档的作用。事实上，在投资方面，巴菲特也有一个值得信赖的搭档——查理·芒格，他甚至将这个搭档看做自己的英雄。

在投资圈里，也许芒格的威望要逊于巴菲特。但是，必须承认的事实是，只要芒格一开口，巴菲特就会认真倾听。正如巴菲特的长子评价芒格时所说："我爸爸是我所知道的'世界上第二聪明的人'，第一是谁？查理·芒格。"芒格在巴菲特的投资事业上起了至关重要的作用，巴菲特创造的许多经典投资案例，以及他买入的种种牛股，其实有相当一部分是芒格帮他物色的。

如果盖茨失去了艾伦、鲍尔默，如果巴菲特失去了芒格，他们的事业是否会如今日一般恢弘夺目？显然是一个未知数。在很多时候，好搭档对于事业的意义超乎我们的想象。有这样一个故事。

艾弗森开车行驶在山间小路上迷了路，慌乱之中，汽车陷入了路边的壕沟里，他自己一个人没有办法把车弄出来。当他看到半山腰有户人家，于是便走过去找人帮忙。

他以为这家农户会有大马力的拖拉机，结果走进院子后才发现这家什么都没有。倒是牲口圈里拴着唯一的一匹马，但是已经衰老的马，看来只有指望它了。他以为农夫会因为马太瘦弱而拒绝他，可出乎他的意料，农夫说："约翰完全可以帮你的忙！"

他看着这匹瘦弱不堪的马，觉得很担心，于是问农夫："您可知道附近有没有其他人家？您的马太憔悴了，恐怕不行吧？"农夫自信地说："附近只有我一家，您放心好了，约翰绝对没有问题的。"

没有别的办法，也只好这样了。他看着农夫把绳子一端固定在汽车上，另一端固定在马脖子上。一边在空中挥舞着鞭子，一边大声吆喝："使劲，约翰！使劲，汤姆！使劲，琼斯！"声音高亢有力，没多大一会儿，老约翰就把汽车从壕沟里给拉了出来。

艾弗森觉得很吃惊，但又感到不解："这匹马有三个名字吗？"农夫拍了拍马，笑着说："约翰的眼睛瞎了，汤姆和琼斯是它以前搭档的伙伴。只要让约翰感觉到不是在单打独斗，只要感觉到是在一个团队里，它就有种不服气的劲儿，年轻力壮的马都比不上它。"

老马的故事告诉我们，一个人在团队中的力量可能远远胜于他单打独斗时自身的力量，而赋予它这种力量的就是团队所拥有的协作精神。衡量一个企业是否有发展前景，关键是看为企业工作的人是否具有团队意识。优秀的创业者都明白：具有协作意识的搭档才能使团队产生1+1＞2的合力。反之，缺乏协作精神的团队，一切目标都只是空谈而已。

好的搭档对企业的发展有着超乎寻常的影响力，正因为如此，寻找好搭档是一个慎重挑选的过程，首先了解自己搭档的目的，再分析对方的优缺点，综合考虑后选择。找到搭档并非就万事大吉，还要经历日后经营中的磨合期。比尔·盖茨认为，创业者在挑选合作伙伴时要注重以下几个特点，避免在日后的经营过程中产生重大分歧，不利于创业的稳定运行。

1.志同道合。

合作的基础是志同道合、目标一致。“志”指的是目标和动机，从广义上讲包括了创业的动机、目标及规划等内容，可以是赚钱、扬名、实现理想等；“道”就是实现“志”的方法、手段，即经营理念和经营策略。拥有共同的目标和经营理念是合作的基础。

2.优势互补。

合作成功是多方面因素综合作用的结果，每一个因素都必须得到重视。一个优秀的联合体，不仅能够为合作方的能力发挥创造良好的条件，还会产生一种新的力量，使各自的能力得到最大限度的发挥。最成功的合作事业是由才能和背景各不相同的人合作创造出来的。

3.德才兼备。

挑选搭档时要全面衡量合伙人的素质，力求合伙人德才兼备，切不可只顾其一不顾其二，因为有德无才是庸人，有才无德是小人。重德轻才，往往导致与庸人合作；重才轻德，往往导致与小人合作。无论是庸人还是小人，与之合作注定要失败。

4.明确利润分配。

许多人合伙创业喜欢采取对半的权益分配方法，但这种方法常常因合作方意见不一而导致经济纠纷，无形中阻碍了发展。俗语云“一山不容二虎”，创业也是一样，决策权往往只能集中在一个人的手里，才能在大家意见不一时作出最终决断。一旦开始赢利，冲突必定随之产生，尤其是涉及金钱时，其中的矛盾可能会变得不可调和。只有明确双方的权益才能获得长久的发展。

总之，理想的搭档不仅是一个能为你提供资金、经营方法、经验或其他方面支持的人，更重要的是，他应该是一个能让你信任、尊敬并能与你同甘共苦的人，是一个与你具有共同的经营目标和价值观念的人，这才是你所需要的。

作者手记

在成功的道路上，自身的努力拼搏当然是最重要的力量，但是如果旁边没有人为你摇旗呐喊，摔倒时没有人伸手将你扶起，孤军奋战的你一定会被痛苦压倒，被孤独打败。所以，要想有一番作为，寻找志同道合的伙伴具有特别重要的意义。

寻找适宜的伙伴，不仅要看他是否有出众的才华和忠实的态度，还要看你能否找到一个安放他的适宜位置。德鲁克认为，有些人天生适合担任部下，有些人天生就具有领导特质；有些人适合一般工作，有些人适合做顾问；有些人具有担任教练与辅导者的天赋，有些人则根本无法辅导他人；有些人从来不怕压力，有些人只能在安定平稳的环境下工作。每个人只适合一种环境，因而有人在大型公司表现优异，到了小公司却一败涂地。

总而言之，每个人都是不同的，想让你的搭档发挥最大的能量，需要为他们找到利于发挥优势的位置和创造最适合他们个性的环境。

每一个成功的人背后都有一个优秀的团队

“优秀的团队对企业有着至关重要的作用。”

一个和谐默契的优秀团队中会出现互帮互助的情况，然而团队合作本身算不上是什么美德，而是一种战略选择。因为一个精诚合作的团队是强大有力的，远远胜过于个人的单打独斗，这几乎是所有人的共识。通用电气公司前CEO杰克·韦尔奇曾说：“在一个公司或一个办公室里，几乎没有一件工作是个人能独立完成的，大多数人只是在高度分工中担任部分工作。只有依靠部门中全体员工的互相合作、互补不足，工作才能顺利进行，才能成就一番事业。”这个观点得到了比尔·盖茨的高度认同。

计算机行业是一个英雄辈出的行业，无数创业者用他们饱含个人英雄主义的智慧与魄力创造出了一片天地，并为这个行业打下了坚实的基础。但随着经济日益全球化，这个行业越来越理性，市场越来越规范，个人英雄主义愈显不支。在这种情况下，团队协作则更多地被提倡，甚至有人说：“单靠个人或者少数人的力量已经不行了，个人英雄的时代已结束。”

聪明且又注重合作的比尔·盖茨不会不明白这点，在组建优秀团队的过程中，不管是礼贤下士还是高薪吸引，比尔·盖茨会“不择手段”地去搜寻和挽留人才。因此，在比尔·盖茨的周围，聚集了一大批计算机方面以及管理等方面的天才，这是微软公司始终在计算机行业保持竞争优势的保障。比尔·盖茨对身边的这只团队非常信赖，并为之自豪。

微软的迅速发展，其成功之处不仅在于有一个出色的精英团队，比尔·盖茨的领导艺术也是极为重要的因素。比尔·盖茨认为，一个成功的企业家要具备合理组织既定资源以及将企业带向正确的发展方向的能力，从某种意义上讲，他是一个思想家。微软公司上下的积极性以及表现出的高效竞争力，证明了比尔·盖茨出色的管理能力。

微软在研发Office 2000时，比尔·盖茨调动全球8000名工程师进行研发，耗时2年，进行了多达75万人次的测试和修正。在此过程中，既要保证技术产品不外泄，又要保障这个大工程的顺利推进，这是系统管理的成功。微软现在的强大，不仅在于比尔·盖茨个人天赋的作用，更在于组织全球顶尖人物协同作战的能力，这才是微软真正核心竞争力的体现。企业领导力的提升一定是有形的流程和制度，以及文化的无形影响力共同作用的结果。

作为一名卓越的领导者，比尔·盖茨的个性极容易影响到手下的员工，微软的公司文化就时时处处体现了比尔·盖茨的个人特性：员工们工作努力，很多人每周自愿工作60小时以上，喜欢创新，爱争论，表现优异，喜欢阅读科幻科技类书籍，乐于与人辩论，也能接受别人提出的不同意见。

为了保证微软公司这种优秀文化的持续，比尔·盖茨采用了扁平化的公司结构，没有设置中层经理。他按照不同的任务将员工组织起来，只有一个项目经理调节团队内的工作，但没有被授予凌驾于别人之上的权力。

在微软，经理们必须知道每件事情和工作的各个环节。他们很少有说空话的余地，如果一个经理人每次说出来的都只是一些理论，不能赋予一些新的价值，他在微软就不可能得到尊重，因此在微软理论和实践的结合非常重要。微软没有高高在上的管理层级，具体事不做、只做纯管理的经理在微软几乎没有。

当然，领导力并不只是领导的人格魅力，它还体现在处理事情的能力上，如面对难关，综观全局，调动资源，计划、协调、控制，以简御繁的能力，同样也包括在了解部属、用人之长、善用资源、坚定实施等特性，这些更偏向于领导者的情商。美国有一个著名的调查，调查者采访了188家公司的所有领导，测试了他们的情商和智商，然后跟踪并记录了他们在事业方面的成就。该调查发现，情商对一个人成功的影响力比智商重要9倍，这充分说明了情商对于领导人才的重要性。从这一点来说，比尔·盖茨也是做得相当出色。他给予员工自由的空间，允许保持个人的独立，让员工自由选择上下班时间，这一切都体现了比尔·盖茨人性化管理的特色。

更为难得的是，拥有如此霸业的比尔·盖茨还坚持亲身领导，与员工们共同战斗。沃顿商学院企管系一位教授指出，比尔·盖茨是少数能够不断提升自我能力、与企业同步成长的创业家。他说："企业规模已经这么大，却还能亲身领导的成功创业家，非常少见。"

微软从两个好朋友创业开始，一直发展到现在拥有3万多员工，比尔·盖茨的领导力在经营中发挥了重要的作用。独特的人格魅力，宽松融洽的工作氛围，吸引了全球软件行业的顶尖人物纷至沓来。众多个性迥异的电脑高手们汇聚在一起，如果没有良好的情商，没有卓越的领导力，在30多年的创业历程中，微软将时刻面临着分崩离析的局面。

跟众多的成功者一样，比尔·盖茨拥有美好的愿景，他希望微软能持续强大下去，他明白这一切都要依仗出色的团队。比尔·盖茨无等级、人性化的管理，让更多的微软人找到归属感，让员工真正体会到微软不只是单纯地付钱让员工来工作，同样还关注员工未来的发展、关注他们的家庭、关注他们的职业生涯，使得员工在充满激情中为实现微软的霸业而孜孜不倦地工作。

作者手记

一个领导者要成功，必须善于利用团队的力量。

科学研究发现，人类有400多种优势。对于一个领导者来讲，这些优势的数量并不重要，最重要的是你应该知道员工的优势是什么，之后要做的则是将员工的工作和事业发展都建立在他的优势之上，这样你的团队就能成为一个效益最大化的团队。

领导者应该明白，在专业分工越来越细、市场竞争越来越激烈的前提下，合作变得越来越重要，因为合作可以产生“1+1＞2”的倍增效果。作为个体，每个人都有自己的思维、技能和利益，换言之，团队中每一个成员都具有其独特的一面。领导者只有力争让成员们取长补短、互相合作，才能产生最大的力量，创造出更大的价值。

选择志同道合的人做搭档

“做好一件事的关键是选好你的搭档。我常常想，如果让我再次白手起家，只要有了艾伦和鲍尔默这两个老朋友也就足够了。”

比尔·盖茨说：“做好一件事的关键是选好你的搭档。”最初，微软公司的广告中宣传自己拥有无所不能的编程能力，任何不明真相的人都会以为微软是一家大企业，然而这时的微软公司实际上只有4个人。

但是正是这个简单的公司却赢得了IBM、苹果电脑等当时大型电脑制造商的青睐，并逐渐确立了在软件行业的领袖地位。这一切成就的得来，除了比尔·盖茨的智慧与才能外，比尔·盖茨创业团队中的两个搭档的鼎力相助也是不可或缺的。

在比尔·盖茨的创业团队中，最不应该忽视的就是保罗·艾伦。保罗·艾伦的父亲是华盛顿大学图书馆的助理管理员，因为这种得天独厚的条件，艾伦读过许多书，包括科幻和计算机知识方面的书。在湖滨中学读书时，艾伦迷上了计算机，由于这个共同爱好，艾伦与比他低两个年级的比尔·盖茨成了好朋友。他们经常一起研究、讨论计算机，甚至比赛编程。比尔·盖茨为艾伦丰富的知识折服，而艾伦对比尔·盖茨的计算机天分也倾慕不已。

1975年，比尔·盖茨和艾伦成立了自己的微软公司，作为创始人，艾伦拥有40%的股份。在初入商海的时候，艾伦注意到个人电脑机操作系统的重要性，成功地从西雅图计算机公司获得了SCP-DOS的使用权，两人对该软件程序作了扩展改编，重新命名为MS-DOS，再返销给IBM，这使得IBM确认了微软的这家不起眼的小公司的实力。MS-DOS是微软开始走向世界软件业的第一品牌。可以说，艾伦使微软迈出了成功的第一步。

艾伦专注于微软的新技术和新理念，比尔·盖茨则以商业为主，销售员、技术负责人、律师、商务谈判员及总裁一人全揽了，两位创始人配合默契，使得微软公司蒸蒸日上。

“艾伦不是一个好的管理者，因为他优先考虑的不是业务，而是对技术本身的痴迷。”美国著名传记作家劳拉·里奇在这一点上也承认艾伦的重要作用：“微软之所以能够被载入商业史册就是因为其操作系统的成功。”

遗憾的是，1982年，艾伦在一次商业旅行中突然病倒，诊断结果表明有癌变的迹象，应立即进行化疗和放射性治疗。在患病期间，艾伦意识到自己无法满足比尔·盖茨所要求的时间与精力。1983年，时任微软副总裁的艾伦离开了微软。

比尔·盖茨对这个搭档非常敬重，他说：“有一个你完全信赖、全心全意投入分析你的观点却又有不同见解的人来监督你，这十分重要。艾伦就是这样一个人。我们坦诚相见，但不久又吵起来，然后又相互道歉。就这样，我们走到了今天。”

除了艾伦之外，微软创业团队中的另外一个传奇人物也不容忽视。这个人在微软的早期并不是特别重要的人物，但现在他却是微软公司的首席执行官——史蒂夫·鲍尔默。

他和比尔·盖茨一见如故，当时史蒂夫·鲍尔默18岁，也是哈佛二年级的学生。这个位数学疯子是在学校电影院里观看《雨中情》和《发条橙》两部电影时相遇的，看完电影后他俩曾合唱剧中歌曲。对数学、科学、拿破仑的激情使他们成了至交。鲍尔默和盖茨搬进同一个宿舍，起名为“雷电房”。他们在一起，整夜激昂地争论拿破仑，一个声音试图压倒另一个声音，整个宿舍的氛围像雷电一样亢奋。

鲍尔默是一个极富激情的人。1975 年，比尔·盖茨退学去创业，顺带鼓动鲍尔默也辍学去帮他。比尔·盖茨万万没想到，鲍尔默回绝盖茨的理由竟然是，自己好不容易才当上哈佛橄榄球队的“掌门人”，不想就这样轻易放弃。

比尔·盖茨在微软初创阶段，事必躬亲，随着公司的日益壮大，比尔·盖茨渐渐因为管理上的琐事而烦恼。于是他随即意识到微软需要不懂得技术的智囊人物，就像史蒂夫·鲍尔默，与微软的开发人员共同工作使微软的软件成为成功的产品。“事实上，把鲍尔默引入微软是我作出的最重要抉择之一。”于是，鲍尔默在比尔·盖茨的劝说下，从学校退了学，进了微软公司，最终成了微软仅次于盖茨之外的第二号最有影响的人物。1998年7月，鲍尔默正式担任微软总裁。2000年1月，鲍尔默更上一层楼，正式担任微软CEO。

鲍尔默的出现无疑为微软增添了更多的活力与激情，而且他在管理方面的得心应手让比尔·盖茨终于得以从捉襟见肘的管理状态中逃了出来，成为一名专职的技术负责人。

鲍尔默是早期微软公司中唯一的一个非技术出身的员工。他对计算机没有兴趣，也不具备基础技术知识。但他与盖茨一样对数学都有着共同的兴趣。鲍尔默与盖茨不同的是，他善于社交。鲍尔默穿梭于哈佛的每一个角落，他似乎认识哈佛的每一个人。鲍尔默有句口号：“一个人只是单翼天使，只有两个人抱在一起才能飞翔。”

这些年里，人们普遍认为鲍尔默热情洋溢、精力集中、幽默有趣、真挚诚恳、尽职尽责、富有活力，他以特有的活力和信念鼓舞着微软。

比尔·盖茨能一跃登上世界财富的巅峰，与搭档的通力协作有着极大关系。对于这两位搭档给予的帮助，比尔·盖茨表示：“我常常想，如果让我再次白手起家，只要有了艾伦和鲍尔默这两个老朋友也就足够了。”

在商业这个没有硝烟的战场上，只有互相协作，才能一步一步走向期待已久的成功。成功者都明白一个最简单的道理：合作则两利，分裂则两败。这就像一棵树，无论它怎样伟岸、粗壮和挺拔，也成不了一片森林；一块石头，无论它怎样大，也成不了独当一面的墙壁。即使聪明、出色如比尔·盖茨，没有艾伦、鲍尔默这样的朋友帮忙，也无法让微软成为独步天下的超级企业。由此我们可以看到，寻找志同道合的伙伴，在成功的道路上是多么重要。

作者手记

没有人能完全靠自己一个人获得成功，只有懂得多向别人学习，多寻求别人的帮助，多与他人形成相互帮助的同盟，才能通过整合彼此的资源，取长补短，增强自己的优势，让事业的道路越走越开阔。

选取搭档在事业发展过程中有重要意义，选择对了搭档能让人有如虎添翼之感，而一个不适合的搭档则会平添内耗，让人叫苦不迭。所以，在工作中我们应该在寻找搭档方面多费些心思，与搭档在合作中前行，前进的道路能更顺畅通达。

让内行的团队当家

“微软公司在用人上所表现出的胆略与气魄是别的公司无可比拟的。”

盖茨多次说道：“把我们顶尖的20个人才挖走，那么我告诉你，微软会变成一家无足轻重的公司。”不论把他们称作螺旋桨头脑、数字头脑、齿轮式头脑或工作狂、用脑狂还是微软奴，盖茨很自豪能请来这样一群他所能找到的最聪慧的人才。1992年时他说，微软和其他公司与众不同之处就是智囊的深度。

他还说：“聪明人应该步步受到挑战。”

“基于充分的事实，聪明人应该要能够思考并解决问题。”

“我不是教育家，可我是学习者。而我的工作最让我乐此不疲的一点是，我的四周围绕着其他热爱学习的人。”

微软顶尖的创意思想家内森·米尔沃尔德说：“聪明人威胁不了比尔，只有蠢材才会。”而领导和管理那群具有“螺旋桨头脑”的聪明人的是智囊团。

微软智囊团的核心大约由十多个人组成，他们管理关键产品领域和公司新的举措，组织非正式的监督组来评估每个人的工作。可以说，这些人在自己的领域全都是行家。

一个简单的事实是，微软上下遍布着优秀的管理人员。他们虽然不一定完美无缺，但无论如何都远远超过了其他许多公司的平均水平。原因很简单，做微软的管理人员主要条件就是要具备某一领域的专业技术知识。与此相比，管理技巧和为人技巧只是第二位的考虑因素。值得再提的是：管理人员需要具备很强的技术或其他相关的专业知识；同时公司也考虑到了管理天才的存在，只是这些天才最多也只能得到中层职位。这一原则被运用于公司上下，包括比尔在内，他是一名优秀的程序员、营销员、促销员，同样重要的是，他专业领域之一是编程——微软的核心产品皆源于此。

公司的发展离不开人才，而懂行的管理者对于公司来说是至关重要的。微软公司所取得的业绩也充分说明了首先要选用优秀的、懂行的管理者。

微软公司的用人信条是终生使用平庸的雇员比一次灾难性的工作指派错误还要糟糕。“如果某人某次没能完成任务，那给我们带来的损失还不大，”盖茨在向微软管理者概括自己的雇用条件时解释道，“如果雇员中混入平庸的人，也就是那种在工作中得过且过的雇员，那么我们的麻烦就大了。”

盖茨说过，影响微软发展速度的最重要因素是有多少他可以利用的人才。开始时，他可以招募到那些他熟悉的程序员——他把他们叫做“聪明的朋友”。但是后来随着时间的推移，这个人才来源枯竭了，所以他不得不吸收一些“聪明的陌生人”了。

“我与斯蒂夫·鲍尔默的唯一一次真正分歧是他刚加入公司时，我们当时有25个人。他说，‘我们还得再雇佣大约50个人来发展壮大’，我说，‘不行，我们负担不起了’。后来我想了一整天，然后对他说，‘好吧，尽快雇用吧，但是一定要雇最优秀的人才，我们要把智者召集到一起。”盖茨在自己的书中这样说道。

尽管微软的利润呈几何数字增长，但盖茨坚持不降低员工的质量标准，这一点突出表现在产品开发部门。他知道吸收最优秀的程序员可以提高整个部门的工作质量。其他一些公司新雇用的员工都有试用期，但微软在员工被录用前就仔细审查，严格评估。从开始就雇用合适的人才有利于降低后期的费用，也避免了降低公司的士气，因为有人不能出色发挥才能而被解雇，会影响到其他人的情绪。

另外，盖茨认为问题在于要解雇平庸的职员很难，而他在公司的职位本可以由有才干的人来担任。为了避免这一点，一开始盖茨就坚持雇用相对少的员工来完成超出工作量的任务。他的公式是“N减1”，N代表真正需要的员工数目。这简单的公式传递了一条非常清晰的信息：只雇用最优秀的人，因为你的团队不可能把所有人都囊括进来。直到今天，微软从不雇用平庸之人，正是这一点保证了微软一直是一个卓越的精英团队。

作者手记

在微软公司里，行家永远受到最高礼遇。因为盖茨心里清楚，一个门外汉在波涛汹涌的商海里沉浮，和“盲人骑盲马，夜半临深池”的遭遇没有什么两样。举例来说，如果一个管理者不了解下属的工作那么至少有三点弊端：

首先，对不懂行的领导，做具体工作的人不会表现出太多的尊重。无论对错，人们不可能重视不甚内行的观点。

其次，管理者如果不会做具体工作的话，又怎么能够为这些工作制订决策呢？他们决策的依据在哪里？

再次，不懂行的管理者怎么能了解下属的工作状况呢？如果自己不懂行的话，他们会一直被蒙在鼓里，直到产品真正交付使用的那一天后悔不迭。

第七章

微软的今天来自整合资源，联合强者

站在别人的肩膀上更容易成功

“我庆幸被IBM选中，这是上帝赐予我们的机会。否则，也许我们要在巨人的阴影下挣扎很长时间。”

比尔·盖茨常常说，有远见的人常常首先发现谁会帮助自己，一旦发现就要积极地争取。看看当今的世界，任何企业，无论大小，总希望在别人的帮助下越做越强。与巨人合作，搭顺风车，在微软公司的初创阶段起到了极为重要的作用。

IBM公司从1951年起开始经营计算机业务。到20世纪70年代，IBM已经控制了美国60%的计算机市场和欧洲市场大部分。据说，如果不是美国联邦政府在1969年对它的经营加以限制以保护自由竞争的话，它的发展将达到一个什么样的规模是无法预料的。

在个人计算机行业的发展初期，需求时常会大于供给，IBM公司就像一个文雅的蓝色巨人。它家喻户晓，确立了微型计算机在行业内的正统地位，IBM几乎已成为电脑的同义词。涌向IBM公司的订单铺天盖地，有时甚至出现排队的现象。一句俗话说：“上涨的潮水可以浮起所有的船。”谁能搭上这条船，其成功自然指日可待。

当时，比尔·盖茨在计算机编程上大有名气。他购买了当时赫赫有名的西雅图电脑公司的SCP-DOS，并对其加以改造，形成了自己的MS-DOS操作系统。此时，他正缺少一家能联手的个人计算机生产商，而IBM的这次示好给比尔·盖茨带来了巨大的机遇。

1980年时，比尔·盖茨只有25岁，他要与世界上最强大的计算机公司进行他生命中最重要的一次谈判。IBM对于与微软合作共同开发个人电脑十分感兴趣。IBM以“蓝色巨人”著称，当时IBM的收益已达300亿美元，而微软当时只是个不足40名员工、销售额只有700万的小公司。毫无疑问，一旦谈判成功，比尔·盖茨将立刻拥抱一个前所未有的巨大市场。对微软来说，在创业初期赢得与IBM的合作对自己的生存是至关重要的。

在与IBM谈判前，比尔·盖茨就确立了目标，整理了自己的思路。IBM付给微软175000美元，从比尔·盖茨手中获得名叫MS-DOS操作系统，该系统可在IBM新的个人计算机上使用。但盖茨并不愿意以这个价格卖掉这个程序的源代码，因为他知道IBM想将这个源代码用到未来的多种计算机上。

比尔·盖茨明白谁控制了占支配地位的操作系统谁就控制了未来，没有操作系统的计算机是无法启动的，所以谁赢得这场控制主导系统的战争，谁就将控制计算机市场。在与IBM谈判过程中，比尔·盖茨坚持他的计划。尽管他内心对于与IBM谈判非常紧张，但他还是平静地向IBM高级经理们作了有关微软将要供给IBM的操作系统的演示。IBM的代表提醒比尔·盖茨，他与IBM的关系是一个“长期合作有巨大发展潜力的关系”。比尔·盖茨已经猜测到IBM愿意付许可收入来将微软的源代码使用到IBM的个人计算机上。作为对IBM公司付给许可收入的回报，微软决心制定时间紧凑的软件交付计划。

当微软公司和IBM公司最后签署了这项交易的协议时，它要求IBM公司向它预先支付100万美元，其中40万美元是为OS操作系统而向微软公司支付的版权使用费；另外40万美元是为四种编程语言的汇编器（PASCAL、COBOL、FORTRAN、BASIC）付的报酬；还有20万美元是为在一年期限内为使系统能够在新机器上运行而支付的改编和编程的劳务费。作为交换，只要Microsoft BASIC还预装在机器的基本结构中，IBM可以有限地使用DOS而不必再付费用。这就为微软公司出售用于这款新机器的编程工具提供了捷径，这项交易实际上使这两家公司联合了起来。

最终比尔·盖茨取得了与IBM合作的机会，而且在许可权收益的问题占尽了上风。他不但保持了MS-DOS的所有权，可以获得许可权收益，而且他还可以将软件的源代码许可给其他方使用。由于得到了IBM公司的认可，MS-DOS操作系统很快就成为除苹果电脑以外所有微型机算机的选择。IBM销售的机器越多，MS-DOS的影响就越大。

与IBM的这次合作，微软有了一个飞跃式的进步，正如比尔·盖茨所说：“我庆幸被IBM选中，这是上帝赐予我们的机会。否则，也许我们要在巨人的阴影下挣扎很长时间。”在与IBM的合作中取得巨大成功后，苹果公司又成了微软实现腾飞的一个阶石。

苹果和微软的第一次合作是在1985年10月24日，恰逢乔布斯被逐出苹果之后，两家正式签下合同：苹果同意如果微软继续为之生产软件（如电子表格软件等），就允许其使用部分苹果图形界面技术。不幸的是3年后这次合作结束，起因是微软在Windows2.0.3中使用了与苹果电脑相似的苹果图标，为此苹果公司向微软和惠普公司提出诉讼，控告他们侵犯了自己的版权，这场官司持续了5年，直到1993年8月24日，法庭才正式裁定Windows2.0.3不构成侵权。在这次合作后，微软拥有了图形化界面的操作系统Windows，也正是因为这个操作系统，让比尔·盖茨成为世界首富。

随后，微软与英特尔联手，结成扫遍天下的Wintel联盟，该联盟被称作美元印刷机，从软件和硬件上共同实现了垄断。微软与英特尔的战略联盟在个人电脑业形成了坚不可摧的垄断，个人电脑20年的发展历程，几乎就是这个联盟的产品不断升级、势力不断扩张的成长史。全世界热爱电脑的人所做的事只有两件，拼命地更新电脑与拼命地买新软件，作为个人电脑的基石和产业标准，Wintel联盟曾经左右了绝大部分厂商的战略。

与成功者的合作让比尔·盖茨在创业的道路上少走了许多弯路，飞速地实现自己的财富梦想。

作者手记

在自然界中，我们能看到这样的景象：飞在最前面的领头雁在前方开路时，它的身体和展开的翅膀在冲破阻力时能帮助它左右两边的雁因空气阻力的减少飞起来省力。同样的原因，这两只雁在飞行时形成的局部真空又帮助了飞行在它们左右两边的大雁。就这样，一个帮一个，整个雁群在头雁的领导下，无须花太大的力气来克服空气阻力。聪明的大雁巧妙利用自身之外的力量，大大地减少了自己的体力消耗。

同理，一个人要成功，就必须要善于借助外界的力量。这里的“借力”既指借助别人的智慧，也指寻找有用的社会资源。纵观历史上那些功绩显赫的人，无不是由于善于借助外界力量的支持而取得事业成功的。

人不可能具备样样优势。一个人要想达到自己的目的，就需要善于借用他人的力量。

敢借善借，“借”出一片新天地

“善于借势对于我们达到自己的目的十分重要。”

著名科学家牛顿曾经说过：他之所以能获得成功，就是因为他站在巨人的肩膀上。这话虽然说得有些谦虚，但仔细分析，确实很有道理。比尔·盖茨也表达过这样的观点：一个人要获得事业的成功，单枪匹马是很困难的，只有善于借用别人的力量，取得别人的支持，才更容易发现成功的机会。凡成大事者，都是“借力”的高手，谁敢说，他的成功不需要

“借力”；谁敢说，他的成功中没有“借力”。他们敢借、能借、会借、善借，“借”出了一片新天地。

回顾微软的发展历程，就是一个合作发展的历程，可以说，没有与不同公司的合作、没有那些默契的互补，微软无法在如此短的时间内从一个小公司发展成世界级的超级公司。

一个企业如此，一个人也是如此。一个步入社会的人，必须寻求他人的帮助，借他人之力，方便自己。一个没有多少能耐的人必须这样，一个有能耐的人也必须这样。利用不是丑恶的，而是各取所需。一个人无论在哪方面，都离不开人与人之间的相互利用。借朋友之力，正是一个人高明的地方。

在自然界也是这样，动物们相互利用，有利于捕猎、取暖和生殖。而耍单的动物，被淘汰者居多，不管它多么凶猛强悍，如老虎、狮子、独狼等。群居动物（相互利用对方的力量，哪怕是极微弱的力量）则容易繁衍和生存，如蚂蚁、蜜蜂、家鸡等。

借朋友之力，使他人为自己服务，这是一个人高明的地方。尤其自己所欠缺的东西，更要多方巧借。

1943年，美国的《黑人文摘》刚开始创刊时，前景并不被看好。它的创办人约翰逊为了扩大该杂志的发行量，积极准备做宣传。他决定组织撰写一系列“假如我是黑人”的文章，请白人把自己放在黑人的位置上，严肃地看待这个问题。他想，如果能请罗斯福总统夫人埃莉诺写这样一篇文章就最好不过了。于是，约翰逊便给她写了一封非常诚恳的信。罗斯福夫人回信说，她太忙，没时间写。但是约翰逊并没有因此而气馁，他又给她写了一封信，但她还是回信说太忙。以后，每隔半个月，约翰逊就会准时给罗斯福夫人写一封信，言辞也愈加恳切。

不久，罗斯福夫人因公事来到约翰逊所在地芝加哥，并准备在该市逗留两日。约翰逊得此消息，喜出望外，立即给总统夫人发了一份电报，恳请她趁在芝加哥逗留的时间里，给《黑人文摘》写一篇文章。罗斯福夫人收到电报后，没有再拒绝。她觉得，无论多忙，她都不能说“不”了。这个消息一传出去，全国都知道了。直接的结果是：《黑人文摘》在一个月内，发行量由2万份增加到15万份。后来，约翰逊又出版了黑人系列杂志，并开始经营书籍出版、广播电台、化妆品等，终于成为闻名全球的富豪。

巧借他人的力量和威名达到自己的目的是一种策略。约翰逊正是借助罗斯福夫人的力量，才使自己的事业取得了成功。所以，当我们的力量还不够强大时，最好找棵大树好乘凉，用他人的影响力帮助自己做事。

这个道理对于创业者来说也同样适用。

比尔·盖茨回忆说，在创业初期，与很多创业者一样，他在资金、技术、人才等方面都存在着“软肋”，参与市场竞争的能力非常脆弱，所以，为了尽快解决企业的生存和发展问题，他和艾伦试图集结一切力量来发展壮大自己。

如果我们把企业视为生物种群，不同种类的企业与企业之间，就像生物种群之间可能存在着寄生或共生的关系。所谓企业的寄生，是根据生物中的“寄生”定义推理出来的，借喻一个能依法独立经营的公司而不独立经营，专门从另一个独立经营的公司获取利益的一种经营方式。所谓企业的共生或共栖，也是以自然界中两种都能独立生存的生物以一定的关系生活在一起的现象，借喻企业与企业之间优势互补、共同存亡的经营模式。

相对于独立生存能力很强的大公司来说，刚刚创立的企业孤军作战能力较弱，巧妙地利用“寄生”或“依附”的原理显得尤其重要。当企业初创时，力量还不够强大，势单力薄，靠自己单枪匹马奋战，且不说不会看到“开门红”的良好局面，很多企业会由于一直生活在巨人的阴影下，而难以得到长足的发展，甚至会因为互相撞车而自取灭亡。硬拼不行，创业企业应当怎么办呢？只有以巧取胜，凭借自身的优势，取长补短，依附大企业成长，充分利用大型企业的资源发展自己。

善于站在他人的肩膀上，尤其是站在有实力的同行肩膀上创业，不失为走向成功的一条捷径。所以创业初期，创业者们要懂得，只有善于借用别人的力量，与巨人互补才更容易创好业、赚到钱。

作者手记

一个人的力量是有限的，因为一个人的价值判断、社会历练、人生经验由于受到环境的影响会有许多不足。在面对复杂的社会环境时，这些基本条件就有可能不够用，只好“借用”别人的力量。

"借用"别人的力量，可以弥补自己力量的不足。另外，"借用"别人的力量还有其他意想不到的好处。在我们把别人的力量转化成自己的力量的过程中，顺着别人的启发就可以得到成长，使自己收获更多。

其实，从某个角度上讲，个人成就的一部分也是拜他人所赐。他人常在无形之中把希望、鼓励、辅助投入我们的生命中，在精神上鼓舞我们，使我们的各种能力趋于锐利。善于借助别人的力量，让弱小的自己变得强大，让强大的自己变得更加强大，使自己的成功更持久。

善于合作的人才能赢得更多利益

"你可以不想成功，但你不能不要合作，否则连生存都有问题。"

在以往长达30年的发展历程中，微软公司树敌无数，原因就在于微软公司那种咄咄逼人的垄断竞争，微软也因此与许多公司对簿公堂。恃以其强大的实力和地位，微软的态度盛气凌人、手段蛮横而霸道，多为人所诟病。但微软似乎无所忌惮，原因就在于它的实力和地位。有人痛苦地表示："最好的市场就是没有比尔·盖茨的市场。可惜，在信息产业界，他的阴影无处不在。"

然而这几年，微软公司的态度有所缓和。微软一改以前嚣张跋扈的态度，积极地寻求和解那些尚未了结的官司，并为此掏出了50多亿美元。合作共赢成了新时代微软的主旋律。

早在2001年年底，布拉德福德·史密斯竞聘微软公司法律事务总顾问的时候，合作共赢的基调就在微软公司开始弥漫。当他为公司高层经理作提案演示时，他只做了一页幻灯片。他的演示简明扼要但颇具说服力：现在是谋求和平的时候。这一提案得到了比尔·盖茨和鲍尔默的肯定。

从蛮横粗暴到友善温和，微软的转变大出人意料，却也在情理之中。微软的这种转变，原因在于：微软在个人电脑时代的风光已经逐渐消退，而在网络时代的转型中却面临处处吃力的状况。这固然与比尔·盖茨应对网络发展而采取的不利措施有关，微软太想守住桌面操作系统的独霸地位而未能及时顺应潮流也是重要的原因。

在如今的网络时代，讲究的是资源共享、合作双赢。微软那种凡事都想独霸的个人电脑时代观念已经不合时宜，所以微软必须转变观念来顺应潮流。因此，比尔·盖茨和鲍尔默对史密斯的“和平主义”表示肯定。

史密斯的共赢策略在微软与英特尔的分分合合中表现得尤为明显。20世纪80年代，当蓝色巨人IBM公司选中英特尔的芯片和微软的操作系统来发展自己公司的个人电脑时，英特尔和微软权衡利弊，决定联手，建立横扫市场的Wintel联盟，这一联盟被称为“美元印刷机”。微软主流产品光盘，成本不过十几美元，但却可以卖出2000~5000美元的天价。此后双方的合作形成了双赢互利的局面，英特尔和微软逐渐统治了整个个人电脑产业。

几年前，双方的关系曾一度跌入低谷。当时，软件业巨头微软公司身陷联邦反垄断诉讼案，英特尔希望通过扶植微软对手的方式甩掉微软，独自主导市场，因此双方的关系一落千丈。只有欺负别人、无法忍受别人欺负的微软岂有不还手的道理，于是微软决定以牙还牙，公开支持英特尔的竞争对手——芯片制造商美国AMD的32位与64位芯片架构。接下来，英特尔公司为了在无线领域中获得更强大的统治力，开始支持微软视窗操作系统的竞争对手Linux系统，此外它还在编写自己公司的个人电脑软件，双方关系继续恶化。

缺乏合作的结果就是微软与英特尔两败俱伤。没有微软的配合，英特尔在多项业务经营上显得力不从心，随着新经济的突然停滞，英特尔的危机终于全面爆发——2001年，奔4在全球的出货情况很不理想，英特尔的利润下降了80%以上。而低端市场上，英特尔的最大对手AMD的份额在不断增加。而微软的损失也是十分巨大。在这种前提下，聪明的比尔·盖茨审时度势，认为重修旧好已势在必行。于是，两家公司重修旧好，战无不胜的Wintel联盟又重现江湖。

不仅是英特尔公司，其他许多公司也在微软合作共赢思想的引导下变成了朋友，甲骨文就是其中的一家。甲骨文的数据库产品是微软数据库产品SQL Server最为强大的竞争对手。他们摒弃前嫌、携手合作，在Windows操作系统上应用甲骨文数据库。

这种让人大跌眼镜的表现并不是仅有的现象。在此之前，IBM、SAP和Sun公司先后分别同微软签署了相似的合作协议。至此，微软的

VSIP计划几乎囊括了所有著名的软件公司。这些软件公司所开发推广的软件正是微软的强硬对手：IBM和甲骨文的数据库产品是微软的SQL Server最为强大的敌人。这两种数据库在与微软合作之前，根本无法在Windows上运行。

同样，Sun公司的Java语言也是微软另一产品.NET的有力竞争者。近年来，.NET逐渐占据了一部分市场份额，但是其销售业绩的背后也是Windows巨大平台作的支持。微软此次主动把诸多敌人邀请同台竞争确实让人不解。以前大家不共戴天，现在忽然来要共谋天下大事，微软奇迹般的转折让很多人不明所以。

人们无法猜透微软的这番化敌为友的举动到底意欲何为。但是有一点是可以肯定的，微软蛮横粗暴的定价和排斥异己的态度让人们对之心存不满。接二连三的诉讼也表明人们认定微软的品牌里面渗透着垄断暴利的水分。在中国政府的几次采购中连连挫败，也一定程度上说明微软这个牌子也并不是那么讨人喜欢。Linux的异军突起，让微软感受到了切实的威胁。微软与竞争对手共舞的举动从某种意义上来讲是对客户的一种求和姿态。

而微软与新的合作伙伴索尼、摩托罗拉的合作更是双赢的典范。为了挑战数字音乐领域的“超级明星”——苹果公司，微软公司正在计划与索尼公司合作。比尔·盖茨透露，微软和索尼公司有联合开发包括网络音乐服务和版权保护在内的数字音乐“基础架构”的意向。而在IT技术与通信融合的大趋势下，摩托罗拉和微软已经在“无缝”理念上取得了惊人的默契。集合了两家各自技术优势的新机器在产品理念上实现了“无缝移动”

与“无缝计算”的融合，结晶产品在性能和设计上的创新也是无处不在，足以让两家公司共同获利。

在这种通力合作的基调下，比尔·盖茨表示：“我们可以一起来做更大的一些事情，比如说所有的软件企业对我们的行业在哪些方面有一些建议和想法，作为一个单个公司来讲，声音可能会小了一点，但是我们大家团结起来，一起发声音，我想这个声音可能会更大一点，可能会让我们的整个行业感觉到这不仅仅是来自一两个企业的呼唤，而是我们在座许许多多的软件企业都有共同的想法。”

在同一产业链里，彼此只是上游和下游的关系，有时候甚至是一荣俱荣、一损俱损。在商业世界里，没有纯粹的朋友，也不存在彻底的敌人，只有善于合作的人才能站住脚跟，赢得利益。聪明的比尔·盖茨深刻地明白这一点，他说：“你可以不想成功，但你不能不要合作，否则连生存都有问题。”

作者手记

社会发展到如今，分工协作显得越来越重要，这是因为科学知识在向纵深方向发展。社会分工越来越精细，人们不可能再成为百科全书式的人物，人总会有这方面或者那方面的缺陷，不可能事事精通。每个人都要借助他人的力量完成自己人生的超越，于是这个世界充满了竞争与挑战，也充满了合作。要学会与人分工协作，从而使自己的事业再向前发展。

开展交流与合作的成本将大幅度降低，而效率则将大幅提高。实际上，任何一个人、任何一个公司都不可能独自拥有最优秀的物质与精神资源，而随着经济相互依赖程度的进一步加深，那种一人打天下的思想多少显得有些幼稚，封闭的个人和孤立的企业所能够成就的“大业”将不复存在，

第八章

公司壮大的过程，
也是挤垮失败者的过程

难道你们从不思考吗

“越成功，我就越发感觉到自己不堪一击，因为没有人知道明天将会发生什么。但领导者必须要去静坐沉思未来的事情。不能策划公司的未来，永远都无法成为市场竞争中的胜者，只能是任强手宰杀的羔羊。”

“成功的轨迹作为一种策略路线，从一开始就应该走上正轨”，幸运的是，如他自己所说，比尔·盖茨一开始就知道自己想要得到什么，并从一开始就走上了成功的正轨。比尔·盖茨本人和微软今日所取得的成功，很大程度上得益于比尔·盖茨的思考——通过一次又一次的深思熟虑，他得出了一个又一个正确的策略和准确的市场定位以及产品及时的推陈出新。

思考在比尔·盖茨的生活中占有绝对重要的地位，这对他一生的走向有深刻影响。而这并不是他成功后才养成的习惯，恰恰是这个习惯指引他走向了成功。

盖茨的父亲在《盖茨是这样培养的》一书中讲述了这样一个故事：

盖茨从小就有强烈的好奇心，喜欢对各种感兴趣的事情深思熟虑。在旁人看来，这个孩子给人的感觉甚至有些迟缓——他总是那么心不在焉，想着属于自己的事情。

有一幕场景在盖茨家经常发生：一家人准备出门，所有人都已经准备完毕，坐在了汽车里，唯独少了小盖茨。这时候会有人问：“特利（比尔·盖茨的昵称）在哪里？”立刻会有人回答：“他还在他的房间里！”

盖茨的房间是一个半地下室，门和窗户朝向院子。每到这时候，盖茨的母亲和父亲就会走到他的房间附近大喊：“特利！你还待在下面干吗？”有一次，年幼的盖茨这样回答母亲的问话：“我在思考问题啊。”他甚至反问他的母亲：“妈妈，难道你们从不思考吗？”

他的反问让母亲和父亲面面相觑。当时，盖茨父亲的律师事业正处于最艰难的时刻，而他母亲是一位工作繁忙的联合国慈善总会志愿者，同时夫妇俩还在照顾着三个孩子，每天生活都十分紧张，怎么会有时间来思考呢？对儿子的提问，他们异口同声地回答：“不！”

将近半个世纪后，老盖茨才觉察到儿子的问题是多么有意义。他在书中这样写道：“是的，我确实需要对很多事情深思熟虑。”对于老盖茨来说，这个觉悟来得似乎有些晚。幸运的是，比尔·盖茨从小就有坚持思考的习惯，这使得他的人生与绝大多数人相比有了非同寻常的意义。

从比尔·盖茨拥有自己的事业以来，他的思考让他成了计算机信息产业中最具有洞察力的人。他对技术的深刻把握以及对信息的独特理解使他具有对未来特殊的前瞻能力和对微软策略的导向能力。

当业界公认全社会处于“主机”主宰的时候，比尔·盖茨敏锐地察觉到个人电脑时代即将到来，并着手开发适用于个人电脑机的操作系统来抢占市场先机；20年前，业界认为没有必要也不可能给每个人都配备一台电脑，而比尔·盖茨则预言，世界上有桌子的地方就会有计算机，而现在他的预言正在逐步变为现实，计算机正在迅速改变我们的生活方式。比尔·盖茨已经认识到电脑具有“基本功能”。他明白一些技术可在办公室和家庭为用户服务，因此他将软件产业作为自己奋斗终生的目标。

比尔·盖茨是新式的工商业领袖，他集技术员、企业家和推销员于一身，他知道怎样去做生意，是一个非常值得研究的商业奇才。他说：“经营最难做的事便是知道明天发生什么变化，今天要做些什么准备。解决好这个难题的人才是未来的领袖。”比尔·盖茨深思熟虑之后在计算机领域作出的一系列决策，足够证明他是杰出的领袖。

主机时代的霸主IBM肯定没有想到，1981年，IBM选择微软软件来运行IBM的个人电脑是多么失策。这不仅促进了微软的成功，而且为自己树立了一个未来最大的竞争对手。

1992年，双方的合作在一片争吵中终结了，虽然IBM继续推广自己的个人电脑操作系统，但是微软的Windows已经成了业界标准，微软在个人电脑时代的势力和IBM在主机时代的势力一样强大。当互联网在全球锋芒初露的时候，盖茨又不失时机地在1995年就抢先宣布微软将全力支持和发展互联网，从而在互联网时代的竞争中又占得良机。

1993年，比尔·盖茨在谈到微软将来的发展方向时，说：“我们正在探索新的领域。我们希望使电脑的基本功能以新的方式运作，从根本上来改进，使技术在公司和家庭里为我们的用户服务。微软的宗旨是保持在技术发展方面的领先地位——经常在这些技术还没有完全开发出来——就把这些技术出售给那些忠实的用户。”

20世纪90年代初，当信息高速公路的字眼开始冲击人们的视线之时，比尔·盖茨更是对此全神贯注。他时刻关注着发起这场划时代的革命的数字新宠——多媒体和信息高速公路。比尔·盖茨知道要迎接这个世纪大变革，就必须开发出真正意义上的多媒体软件，投入信息高速公路的建设。

他的远见也为微软迎来一个又一个标志性的纪念日，经过漫长而又艰苦的研发，1995年8月，微软公司的多媒体操作系统Windows 95问世，给全世界带来石破天惊的震撼，成为一道全球流行的最为壮观的信息革命风景线。这个创举让比尔·盖茨再次把握住了优势，在千变万化的市场中牢牢地抓住了发展的机遇。

由于市场的迅速发展，1994年，面对个人单机使用环境的市场已经饱和，微软公司凭借其独到的眼光开始大举进入网络操作系统与网络应用软件市场。比尔·盖茨早已预见到并且也为后来的事实证明，随着多媒体和信息高速公路的开发和投入使用，整个社会将发生深刻变化，而且也将导致一些新的问题出现。如果顺利地解决好这些问题，社会又将向前大大迈进一步。

因此，微软在开发产品时毫不吝惜在网络操作系统方面的投入，通过推出NT Server、SQL Server、Exchange、 Server等服务软件，微软公司成功切入由IBM公司、Sun、网威公司、Oracle、Informix、Sybase

等软件大厂所把持的商用服务器软件市场，使得微软公司的营业额持续飙涨。远见再次成为微软的财富。

现在的微软公司正在积极拓展游戏机、手机操作系统、搜索引擎等多元业务，而当家电逐渐出现融合的浪潮之时，微软公司又顺应潮流地开发可在信息家电上运行的视窗操作系统。看来，这位软件巨人还将继续以Windows、Office及其他各种应用软件为核心业务，同时大举进入新一代的WWW开发、无线通信、仪器、游戏、服务器等正在成长的领域，顺利推行其企图雄霸天下的“Microsoft Net”战略。

“电子革命已经来临，它具有极强的冲击力。伴随这场革命，在如何工作、如何消遣、如何相互影响，甚至在如何去思考方面产生了巨大的变革。”在这场变革中，比尔·盖茨对未来发展形势的准确分析和独到的战略眼光，起到了非常积极的作用。

微软的未来在哪里，对于这样一个问题，比尔·盖茨始终没有停下思考和探索，他表示：“越成功，我就越发感觉到自己不堪一击，因为没有人知道明天将会发生什么。但领导者必须要去静坐沉思未来的事情。不能策划公司的未来，永远都无法成为市场竞争中的胜者，只能是任强手宰杀的羔羊。”

对于比尔·盖茨而言，持续地思考意味着无限接近正确的决策，意味着不断地、精确地修正微软这艘巨轮的航向。即使他走出微软公司开始做起慈善事业，依然没有停止思考：他需要给慈善事业一个明晰、正确的方向。

没有思考，就没有比尔·盖茨的事业；没有思考，比尔·盖茨就不会一次次成功地影响世界。

作者手记

美国投资大师巴菲特曾说过这样的话："榨出我1克脑汁，再加上16000美元，我就可以创造出1000美万的价值。"可见会思想具有何等重大的价值。

一个人没有技能，可以拜师学艺；没有知识，可以求学问道；没有金钱，可以筹借贷款……但一个人如果不善于思考，一切都无从谈起。思想决定成败，头脑决定成败，有思想、有头脑的人是最有价值、最有发展前途的人。带着思想工作，带着智慧工作，带着想法工作，已经成为当今时代的必然要求。

将思考落实为行动

"将思考落实为行动才有意义。"

比尔·盖茨注重思考显然是个宏观问题，他具体如何进行思考、如何使思考的力量转化为行动的力量对我们而言才有实际意义。

一般而言，思考是为了正确地决策。当一些看似无关的信息、资料堆砌在你面前时，你要知道如何筛选、分析，找出内在的关联，找出对你有意义的东西，从而得出你想知道的答案。

在与人谈到这个话题时，比尔·盖茨指出，任何事物的发生总会有征兆可寻，只要细心观察，就会有所发现。经营者要善于把握机遇到来的征兆，审时度势，洞察先机，才能从容不迫地取得成功。

美国亚默尔公司的创始人菲力普·亚默尔就是一个善于审时度势的行家里手，下面是他事业中的一个有名事例。

美国南北战争接近尾声的时候，市场上猪肉价格很高。亚默尔知道这是暂时现象，一旦战争结束，猪肉价格马上就会跌下来，他密切关系战争的发展，等待市场即将发生的转变，以便抓住时机做一笔大生意。

他照例每天读报，从报上的最新消息中他推测，南军败局已定，但不知道还会坚持多久。一天，他又拿起当天的报纸。突然，一则很普通的新闻吸引了他。新闻说，一个神父在南军李将军的营地遇到几个小孩，他们手里拿着许多钱问神父什么地方可以买到面包和巧克力。孩子们说，他们的父亲是李将军手下的军官，几天没有面包吃了，带回来的马肉很难吃。亚默尔读着这则消息，立即作出判断：南军缺少供给已尽人皆知，但这事发生在将军的大本营里，而且已到了宰马吃的地步，说明战争结束的日子已屈指可数了。

他见时机已到，立刻同东部市场签订了一个大胆的“卖空”销售合同：以较低的价格卖出一批猪肉，约定迟几天交货。当地销售商当然乐意进货价格这样低，可是他们哪里知道战争即将结束，猪肉市场价格会迅速跌下来。

结果不出亚默尔所料，不几天战局和市场都发生了根本变化，他从中赚了100万美元的巨额利润。

亚默尔的成功，在于他独具慧眼，审时度势，密切注视市场态势，善于寻找可用之机，一旦发现了征兆，马上预测到可能出现的局面，把握和充分利用了机遇，从而赢得滚滚财源。所以，有人说思考创造财富，并非虚言。

比尔·盖茨认为，一个企业家要懂得审时度势，并进行更深一层的研究，做到有效地利用机遇。机遇谁都可以利用，但利用得最好的毕竟只有少数人。要想成功地运用机遇，要做到以下几点：

1.掌握和获取大量的信息。现代社会是一个信息社会，谁掌握了信息，谁就获得了主动权。而且，信息本身也是一种财富，许多机遇就隐藏在大量的信息之中。不掌握信息或信息匮乏，就会错过发现机遇的时机。

2.能够进行科学地推理和准确地判断。这是把握机遇的关键。科学地推理和准确地判断，是建立在大量可靠信息的基础上的。对信息不能够进行科学推理，或者判断不准确，就不会取得好的效果。

3.培养把握机遇的灵感。能否独具慧眼，捕捉到具有较大效益的机遇，来源于决策者的灵感。创造离不开灵感，灵感是把握机遇的钥匙。

4.迅速采取行动。机遇一旦出现就要紧紧抓住，因为机遇往往一闪而来、稍纵即逝。如果不马上采取行动，就会坐失良机，而为他人占先。谁预料得准确，谁下手早，谁就占据了主动。有人说：“灵感、速度、对策、行动，是通向成功之路的四部曲。”此话不无道理。

作者手记

工作中我们会遇到各种各样的困难，在那些工作不从思考的人看来，困难总是太大太多，以至于根本无法克服；而在善于用思考工作的人眼中，没有做不到的事情，只有想不到。在很多时候，善于思考的人不但解决了难题，还为自己抓住了发展的机遇。

如果你想让自己成为一名成功人士，能干净漂亮地处理好要完成的工作，就必须培养并具备正确的思考方法。

有一些人不是不思考，而是思考了也得不出什么建设性结论。这是因为人们在固定的生活圈里处久了，思维模式变得有些僵化，造成创意及活力的日益减损，无法打破思考的固有模式。这就要求我们在生活中多学习，及时更新自己的知识储存。唯有如此，才能保持眼界的开阔和思维的活跃。

世界上唯一不变的就是变化

“世界上唯一不变的就是变化，变化才是这个时代的永恒主题。变化无处不在，竞争随处可见。”

1995年11月，当比尔·盖茨的第一本著作《拥抱未来》初版正式问世后才两个星期时，他当着各国记者和分析师郑重宣布微软公司在未来方向上所作的重大转变：他将把整个公司的未来重心定在网际网络上。不到一年后，比尔·盖茨不仅将“国际网络版”的微软公司呈现在大家面前，同时也更新了他的畅销书《拥抱未来》绝大部分的篇幅。事实上，在1993

年，当微软公司的视窗软件仍然控制着整个桌上型电脑的市场时，不仅90%的个人电脑都使用视窗操作系统，包括文字处理在内的大部分应用软件也都必须依靠视窗来启用。

而就在这时候，网际网络上场了，顿时成为聚光灯下的焦点，于是，微软公司以视窗为导向的未来不再那么被看好。因为，网际网络当时是在UNIX上操作，而不是视窗；连接全世界资讯库的工具是全球资讯网World Wide Web，而不是视窗；而让电脑使用者能够轻易找寻及阅读网站文件的是新软件程式Mosaic，而不是视窗。更重要的是，当时在国际网络市场上拔得头筹的更是与视窗关系不大的几家公司：网景Netscape、美国在线America Online及升阳Sun Microsystems公司。

不过，四年之后，微软公司成功转型，其成功之彻底甚至令司法部对微软公司展开继美国电报电话公司之后规模最大的反垄断行动。虽然转型的路程并非一帆风顺，但是最后的成功再次让比尔·盖茨稳住了江山，也让微软公司安全度过了一大企业危机。

人们似乎从不担心微软会失去竞争优势，微软对市场的适应能力以及把握能力一直为人称赞。虽然有人说微软在未来网络时代的支配力量将逐渐减弱，但是我们回顾微软的成长史就不难发现，微软在每个领域的竞争最后总能异军突起。敏锐的市场意识和顺应市场变化的能力是微软实现异军突起的有力支持。

微软通过制订行业标准而确立了自己在软件行业的霸主地位后，其经济实力和人力资源得到了最大程度的扩充。其庞大的资产价值和其他厂商难以攀比的科研投入使得微软成了全球顶极程序员的乐园。其开放性的信息反馈系统使得市场上的任何风吹草动都逃不过微软人的眼睛。微软对网络态度的转变则实现了其对市场变化的跟进。

微软在1995年开发出IE浏览器，开始向互联网进军时，还在把“让全世界每一台运转着的计算机都运行微软的Windows操作系统”作为自己的企业理想，以至于有的评论家说比尔·盖茨对互联网的认识慢了一拍，微软因此险些错过了一个时代。

当时微软确实只是站在自己的IT巨舰上，向互联网的广阔大陆迈出了一只脚；相比之下，如今微软推出.NET战略却是向互联网领域的全面推进，微软希望这是它创建25年来继以DOS操作系统、Windows操作系统牵引世界计算机发展之后的第三个里程碑，而且，从Windows向.NET转变比DOS向Windows的转变要大得多，对业界的影响也广泛和深刻得多。

在整个网络空间里，微软一直保持着活跃的变化状态，市场上刚刚出现赢利的项目，微软就会迅速地跟进。微软实施丰富产品种类的战略，已经进入新的领域，例如企业软件。通过Xbox视频游戏和其他媒体产品，已经打入家庭娱乐行业。现在微软正在咄咄逼人地向个人电脑安全软件领域进军。

在看到门户网站的巨大盈利空间后，微软迅速建立了自己的门户网站以应对诸美国在线等网站的艰难竞争，让微软可以更容易地接入面向基于网络的电子邮件和搜索等各种互联网门户服务。微软近来还宣布允许用户直接从微软的“我的MSN”个性化页面上进入流行在线拍卖网站eBay上的账号。微软和eBay的合作也标志着eBay第一次以这种方式与网络门户结盟。

当搜索引擎提供商Google崭露头角时，微软再次顺时而动，把互联网搜索当做一项关键的投资领域，亦步亦趋地推出高模仿度的MSN搜索引擎，并自主开发第二代搜索软件，最后还花400亿美元收购雅虎以用来对抗Google。

在看到移动通信的飞速发展后，微软在有线和无线电通讯领域投资了几十亿美元，在很多领域投入了研发资源。目前采用微软的软件及Windows操作系统的摩托罗拉智能手机已上市销售。三星等品牌也表示有合作意向。微软自己估计，微软最多可能抢下六成的手机软件市场。

微软最突出的竞争优势就在于它在技术领域的强大竞争力。它所拥有最大的资本就是技术，他以技术占领市场，以技术制定了标准，以技术成为大家公认的品牌。正是因为微软在技术领域的无坚不摧，因此当市场发生变化时，微软总是以雄厚的技术背景后发制人，赢得最后的胜利。

再加上它是全球最大的电脑软件公司，在操作系统和办公软件方面扮演着事实上的垄断者地位。微软自己产品间的整合总是优于与其他厂商的产品的组合，因此微软的产品不仅仅具有技术优势，其最大的优势还在于与用户现有的操作系统和应用软件有着天然的亲和关系。

出于对这个市场因素的考虑，现在的微软在鲍尔默的执掌下，重新把重点放到卖软件上。微软清晰地感觉到软件和芯片的“魔力”还在继续。

他们一方面巩固其在传统强项中的优势地位，同Sun、IBM以及甲骨文等公司展开攻防战；另一方面积极拓展游戏机、MSN网络服务、搜索引擎、手机操作系统等多元化的业务，几年前就开始倡导的.NET战略也成为其未来业务的核心所在。

对应变能力极为看重的比尔·盖茨表示："世界上唯一不变的就是变化，变化才是这个时代的永恒主题。变化无处不在，竞争随处可见。"只有让自己学会应变，才能在这个不断变化而又充满竞争的商业世界立足。

作者手记

宇宙间的事情总是在不断地发生着变化，一条河流如此，一座高山亦是，微风拂过，月影跃动，没有什么长久不逝的永恒。所以，不要刻意地去追求所谓的永恒，如果你并不能确定这件事对你的意义，那么，就不要幻想借着它来改变自己命运的轨迹，不论是最长久的名声、最充实的财富，还是最显赫的地位。

如果没有变化，这个世界简直无法想象。譬如如果没有小麦的变化，我们将不会有面粉，如果没有燃料的变化，我们就不能在冬日取暖……既然世界都是在不断变化的，那么我们就不要总是让心灵处于被困扰的状态，让我们以自己的思想和理性来迎接所有的变化。变化意味着挑战，变化也意味着机遇，放开心态迎接变化，我们能收获更多东西。

充足的准备是成功的保证

“你用于计划的时间越长，你完成工作所需要的时间就越短。”

被称为“上帝第二”的前葡萄牙波尔图足球队的主教练穆里尼奥说过一句很有名的话：“当准备的习惯成为你身体的一部分时，它就会永远在那里，并帮助你取得令人惊讶的胜利。”英格兰国脚莱斯·费南德这样评价他：“我从来没有遇到过像他这样的人，对工作、对胜利是如此的痴迷。”没错，准备使他成为“魔鬼”，也正是准备使他成为“上帝第二”，当然，也使他成了世界上薪水最高的足球教练。

穆里尼奥曾担任葡萄牙球队波尔图的主教练，率领球队征战欧洲冠军联赛时，几乎没有人相信他们能杀入决赛，更别提夺取冠军了。但结果却使所有人都大跌眼镜，这个从队员到主教练都默默无闻的俱乐部，竟然得到了欧洲足球的最高荣誉。

确实，波尔图的队员和皇马、米兰等大牌球队的球星相比，无论从名气上还是实力上都相差悬殊，当时的穆里尼奥和卡佩罗、马加特、扎切罗尼等知名教练相比也不可同日而语，但穆里尼奥却有一个胜利的武器：对准备工作超乎寻常地重视。穆里尼奥几乎观看了所有对手最近的每一场比赛，可以说，所有对手的技术特点、战术风格、最近的状态等他都了如指掌，甚至对比赛当天的天气、场地草皮的状况，他都进行了详细的了解并制定了相应的对策。结果在决赛当天，他使用的队员、阵形、战术打法都直指对方的软肋，就像他夺冠后所说的那样："如果大家知道我们为了取得胜利而研究了多少场比赛，准备了多少资料，筹划了多少方案，你们就会认为这个冠军我们当之无愧。"

当时，有相当多的人认为穆里尼奥的成功只是运气好，再加上那些大牌球队在对无名球队时缺少重视和兴奋感，才让他捡到了一个冠军。其实，穆里尼奥的胜利是必然的，因为他的准备工作做得比任何人都充分，正是因为对准备超乎寻常的重视，才使他站到了欧洲足球之巅。

穆里尼奥出名了，但他在赢得别人尊重的同时，又被许多对手厌恶。喜欢他的人称他为"上帝第二"，讨厌他的人却称呼他"魔鬼"。

现在，不管是欣赏他还是厌恶他的人，都开始研究穆里尼奥，他们总结了很多条，比如善于用人、阵形选择合理、自信等。遗憾的是，却很少有人能领会到穆里尼奥成功的真正原因——准备。比尔·盖茨不同，他深知完善的前期准备工作对成功有怎样的意义。

比尔·盖茨和他的决策层早在多年前就已预测：微软一直赖以生存的核心产品——Windows和Office，因为市场占有率的逐渐饱和及价格竞争等因素，不再可能像以前那样给微软带来如此丰厚的利润。出于对整个市场的总体权衡，因此在互联网时代，微软公司在网络领域的投资决策频频出现，其中不乏点睛之笔。1997年，微软公司更是果断地以3.5亿美元的天价，购并了硅谷一家成立不足两年、员工仅有26人、主导业务仅为提供免费邮件业务的小公司——Hotmail公司。

虽然对手仅仅是一个不过20余名员工的小公司，但是出于对这次并购的重视，比尔·盖茨决定亲自出马，坐在谈判桌前，与Hotmail公司年轻的创始人面对面对购能条款进行谈判。在谈判过程中，由于信息充分，沟通及时，双方从接触到最终签约时间花费了不足三个月。

这种科学而大胆的决策为微软带来了一个又一个关于风险投资与企业购并领域的经典案例，而微软公司也正是借助于Hotmail所带来的注册用户和迅猛增长的业务，使自己旗下的www.msn.com网站一跃成为全球注册用户最多和访问量最大的三大网站之一。

虽然做好准备工作对成功事非常重要，但是这一必需的工作环节却很少得到人们的重视。原因就在于，准备太重要，但也太平常了，大家几乎每天都生活在准备之中，反而对它的重要性视而不见。提起准备，也许有人会说："准备没有什么了不起。"但就是这不起眼的准备，却能造就神奇的成功，也能导致痛苦的失败。

所以，做任何事情都要提前做好充分的准备。作为一名企业员工，要想把第二天的工作做好，你最好在每天下班前的几分钟制订出第二天的工作计划，如果拖到第二天上午上班的时候才制订工作计划，那就会做得比较费劲，因为那时又要面临新一天的工作压力。若前一天晚上就把第二天要做的事准备好，第二天工作起来就会轻松得多。

头一天做好准备工作，可以预见第二天每项工作可能会发生的问题，并能采取预防措施，防微杜渐。第一天要准备第二天的事，每一天做的事都是在为将来做准备。当你做好了充分的准备，机会来临时你就能轻松抓住；如果你没有做好准备，不管任何机会都不会是你的。

凡事做好准备，每一天都可以很轻松地达到你的目标。所有成功的人，都是凡事有准备的人。

作者手记

“磨刀不误砍柴工”，准备是一切工作的前提，只有做好准备工作，才能更容易达到自己成功的目标。拿破仑·希尔说过，一个善于准备的人，是离成功最近的人；一个缺乏准备的人，一定是一个差错不断的人，纵然其有超然的能力、千载难逢的机会，也不能保证获得长久的成功。没有准备的行动会让一切陷入无序，最终面临失败的局面。

在公司里，似乎越忙的员工表明越能干，越受上司的赏识。但我们往往发现，忙的真正原因，不是因为上司的赏识而承担了更多的责任，而是工作前缺乏准备，在工作时显得没有条理，导致的结果当然没有效率，甚至事倍功半。

准备会占用一部分时间。于是有的人以为，只有尽快进入正题，才能越早把事情完成。但实际上，没有准备的工作更浪费时间，而且容易忙中出错。

做不断创新的悲观主义者

"保有危机感，才能保证企业的生机。"

比尔·盖茨并不是一个悲观主义者，但是他经常以悲观的论调来警告自己公司的员工："微软离破产只有18个月！"这是因为软件行业日新月异，每个软件的生存周期最多只有18个月，如果没有及时地推陈出新，微软极有可能被其他的软件公司所取代。

微软公司文化中还有这样一句话："每天早晨醒来，想想王安电脑，想想数字设备公司，想想康柏，它们都曾经是叱咤风云的大公司，而如今它们已经烟消云散了。一旦被收购，你就知道它的路已经走完了。有了这些教训，我们就常常告诫自己——我们必须创新，必须要突破自我。"

比尔·盖茨非常了解"人无远虑，必有近忧"的道理，他坚信只有创新才能让微软在软件行业的道路上越走越远，也正是怀着这种信念，他带领着微软从小到大，从一个默默无闻的小公司变成现在的行业巨头。

比尔·盖茨很早就提出硬件可以和软件分离，这也使得计算机尚未生产出来，与其配套的软件和应用程序先行开发出来成为可能，同时这也是抢占市场的最好方法。微软开始和IBM合作的时候，IBM的个人电脑尚未研制出来，但是微软却在这种情况下研制出了适用于IBM新产品的MS-

DOS系统。为苹果公司开发系统时，微软采取了同样的战略。这两次的成功让比尔·盖茨和微软都意识到了未雨绸缪的重要性。

除了未雨绸缪的前瞻意识，比尔·盖茨还把创新放到了一个非常重要的位置。比尔·盖茨曾在一次演讲上说："在过去两个世纪里，许许多多的创新已经从根本上改变了人类的生活条件，例如寿命延长了一倍，能源更加便宜，食物更加充裕。如果我们假设在未来十年内，在健康、能源或者食品领域都没有任何创新，那么前景是非常的黑暗的。对于富人来说，健康的成本会不断攀升，因此将不得不做出令人头疼的选择；而对穷人来说，他们将不得不继续处于目前所处于的糟糕境地。我们将不得不提高能源价格，以减少能源消费，穷人则不得不在承受高价的同时，还要承受气候变化带来的不利后果。我们还将面临食品大规模短缺的局面，因为世界人口不断增长，我们没有足够的土地来喂养他们。"他认为能使人们避免这种糟糕后果的方法就创新，在创新在一领域，人们大有用武之地。

比尔·盖茨历来重视创新能力，强调产品需要不断创新，因为创新是保持企业竞争优势的前提。他说过一句很著名的话："成功的大公司在别人淘汰自己的产品之前，已经自行淘汰了它们了。"微软公司不断自我突破的法宝就是微软研究院。微软充分认识到基础科学研究的重要性，缺乏基础研究，产品就缺乏后续力，就没有创新和发展的基础，即使一时产品卖得火，但也不会维持太久。为此比尔·盖茨成立了微软研究院，让每位研究人员都与公司产品工程师密切结合，每项研究课题都涉及微软公司向市场交付的每一种产品。

创新成了微软公司不变的宗旨，不管是产品技术还是商业管理，只有不断创新，才能持续成功，战胜自己，超越竞争对手。

守旧失败，创新必胜，已经成为时代的潮流。任何企业、任何人，如果停滞不前，不思进取，其结果必定是机失财尽，被时代淘汰出局。只有努力发展，寻求新起点，适应事物与时代发展的特点，才能不被时代淘汰，永远走在别人前面。

作者手记

作为企业管理者，必须在危机尚未发生的时候早做预防，充分地认识危机，准确地预测危机，镇定地应对危机。每个企业都会经历大大小小的危机，这跟每个人都会不小心生病是一个道理。但是，如果危机到来之前，你准备不够充分，反应速度不够快，就很有可能是灭顶之灾。

有无数企业兴衰的故事告诉我们，事后控制不如事中控制，事中控制不如事前控制。企业的管理者应该有跑在危机之前的观念，时时更新自己的理念，带动企业走在行业的前端。这样做，才能使企业处于一个相对安全的位置，不至于受到致命打击。

第九章

身处竞争时代，最大的危险是不冒险

抓住转瞬即逝的机遇

“在如今所处的竞争时代，等待别人的帮助或者是祈求神灵的恩赐显然是不合时宜的，只有果断出击、敢为人先，才有可能抓住属于自己的机遇。”

在这个世界上，似乎存在着这么一个真理：对一件事，如果等到所有的条件都成熟才去行动，那么也许要永远等下去。很多时候，在机遇面前，如果你没有果断的态度和及时的行动，你可能将永远失去成功的机会。

总有许多人把比尔·盖茨拥有巨额财富归结于幸运，然而有没有人想过，当比尔·盖茨和保罗·艾伦发现并抓住机遇的时候，其他人在哪？好的机遇对一个人固然重要，但比机遇更重要的是人的态度和能力。一个人没有主动出击的勇气和把握住机遇的能力，任何再好的机遇也是没有意义的。

有一天，在波士顿附近的霍尼韦尔工作的保罗·艾伦来到坎布里奇，步行穿越哈佛广场来看比尔·盖茨。他正走着，忽然停住脚步，他看到报刊亭里有几份1月版《大众电子学》。保罗·艾伦对这个刊物很熟悉，他从儿童时代就开始阅读这个刊物。保罗·艾伦一看到这本杂志，心立刻狂跳了起来，那封面上印着一幅牛郎星（阿尔塔）8800计算机图片。一个长方形的金属盒子，前面有触发开关和显示灯。有一句广告词是：“突破！世界第一台微型电子计算机，敢与商用型媲美！”

保罗·艾伦望着这个极为醒目的广告词呆了一呆，立刻买了一份，然后赶紧跑到比尔·盖茨的宿舍去和他谈。

“计算机的普及化势必到来。”艾伦不停地对盖茨重复这一点。人们不是顺应甚至领导这一场计算机革命，就是被这一革命抛到后面去。无疑，艾伦更清醒地意识到了这些，所以艾伦更急于开办自己的计算机公司，但盖茨始终担心，如果自己因开办公司而荒废了学业，会引起父母的不满，而他很不乐意让父母替他担忧，也不愿引起父母的不愉快。艾伦不停地说“让我们开始创办计算机公司吧！让我们开始干吧！”盖茨回忆说，“保罗看见技术条件已经成熟，正等着人们去加以利用。他老是说，再不干就迟了，我们就会失去历史赋予我们的机遇。我们将遗憾终生，甚至被后人责备。”

于是，他们考虑制造自己的计算机。艾伦对计算机硬件感兴趣，而盖茨则对计算机软件情有独钟，他的软件才是计算机的“生命”。但很快，艾伦和盖茨放弃了自己动手试制新型计算机的念头。他们决定还是紧紧抓住他们最熟悉的东西——这就是软件。生产计算机花费太昂贵了，他们还没有足够的资金去冒险。

“我们最终认为搞硬件容易亏损，不是我们可以去玩的艺术。”艾伦说，“我们俩人的综合实力不在这上面。我们注定要搞的是软件——计算机的灵魂。”

就这样，注定要震惊世界的微软公司成立了。机遇是一个人成功的基石，是其兴趣特长发挥的机会，比尔·盖茨抓住了机会，因而使自己的人生得以辉煌，特长得到发挥。由于把握了未来的趋势，更大的机遇在等待着他们。

随着阿尔塔机的诞生，一个新的软件市场正不期而至，他们可以指望从出售他们的BASIC语言中大赚一笔。

当个人电脑正方兴未艾的七十年代，个人电脑独占市场的趋势日见明了，而作为电脑巨人的IBM公司眼见苹果电脑公司在个人电脑上的不凡收益，也萌发了在个人电脑领域大显身手的想法，于是他们将软件业务承包给比尔·盖茨的公司完成。

根据IBM公司与微软公司初期的合作协议，微软公司仅为其开发一套BASIC程序。后来，IBM公司为了和苹果电脑公司抢夺市场，决定连操作系统也由其他公司开发，为了尽快推出产品，IBM公司要求微软公司设法找到或写出一套操作系统。比尔·盖茨再一次把握住了时机。在IBM公司的这次决定命运的会议上，计算机产业或者可以说整个商业领域的未来被改写了。

蓝色巨人公司的主管与西雅图的一家小软件公司签约，为自己的首部个人电脑开发操作系统。他们以为这仅仅是向小合同商外购不重要的部件的举动。毕竟，他们做的是计算机硬件生意，硬件才是利润的竞争所在，但是他们错了，世界将要改变。在毫不知情的情况下，他们把他们的市场统领地位拱手让给比尔·盖茨的微软公司。

与IBM的合作，使微软赢得了壮大的机会。能有今天如此巨大的成就，盖茨本身的学习和设计能力固然重要，但懂得掌握机遇，看准市场，才是成就其事业的根本原因。

作者手记

只有懒惰的人才总是抱怨自己没有机会，抱怨自己没有时间；而勤劳的人永远在孜孜不倦地工作着、努力着。有头脑的人能够从琐碎的小事中找到机会，粗心大意的人却会轻易地让机会从眼前飞走。

每一个新的时刻都给我们带来未知的机遇。每个人都潜藏有热切的愿望和坚韧的品格，这能让每个人有成就自己的可能；每个人的前方还有无数成功者的足迹在引导、激励着我们不断前行。一个聪明的人只要能利用好自己的所有，把握住“未知的机遇”，就有可能赢得人生。

成功者从不会等待机会的到来，而是寻找并抓住机会，把握机会，征服机会，让机会成为服务于他的奴仆。换句话说，任何机会都可以是我们手中打开财富大门的“金钥匙”。

机遇何来

“幸运之神会光顾世界上的每一个人，但如果她发现这个人并没有准备好要迎接她时，她就会从大门里走进来，然后从窗子里飞出去。”

比尔·盖茨从一个程序员，一跃成为世界巨富，很多人认为这是一次绝佳的机遇——“一个世纪可能只会出现一次”的机遇，从而让他和他的微软公司有了巨大的飞跃。这话绝对正确，但是绝佳的机遇对于每个人都是公平的，是否能获得成功，其中还有很多关键因素。正如比尔·盖茨所说：“机会并不会自动地转化为钞票——其中还必须有其他因素。简单地说，你必须能够看到它，然后必须相信你能抓住它。”成功的关键，就是你能看到机遇并且抓住它。

这个“一个世纪可能只会出现一次”的机遇同样出现在另外一个人面前，但可惜的是，他没有珍惜，最后只能眼看着比尔·盖茨的财富一跃千里而追悔莫及。这个让幸运溜走、将数百亿美元生意拱手让给微软的人就是美国数位研究软件公司的老板格里·基德尔博士。

比尔·盖茨在回忆最初与IBM的合作时说道：“当时有一位黑衣男子到来，我正好在公司，亲自接待，并实质性会谈，而这个时间，基德尔不巧正搭乘私人飞机出外游玩，来客由他的妻子礼仪性接待。”心急如焚的IBM公司工作人员在基德尔那儿一无所获后，当然把合作的重心转移到了曾经为第一台微型计算机开发过BASIC程序的微软公司。

商谈中，IBM公司需要微软为即将开发的新型个人电脑提交一份操作系统方案，这个巨大的机遇就落到了比尔·盖茨和微软的面前。然而事实上，微软当时既没有操作系统，也没有时间开发IBM所需要的那种操作系统。但比尔·盖茨清楚地意识到，一个巨大的市场有可能即将出现，于是他毫不犹豫地答应了IBM负责人的要求。

比尔·盖茨考虑到：在市场开拓初期，技术水平一时的高低有时并不重要，具有决定性意义的是抢占市场份额并借此建立市场标准。如果能搭乘电脑巨人便车捷足先登，抢先占领个人电脑操作系统市场的制高点，微软有可能一步登天。为此，比尔·盖茨和他的伙伴开始全力以赴地开发新的、适合于IBM的操作系统。

“我们疯狂地编写程序、销售软件，我们几乎没有时间做其他的事。值得庆幸的是，我们的客户都是狂热的计算机爱好者，不会被功能的弱小、手册的简单和用户界面的先进所影响。这就是计算机软件当时的状况。”

“一些公司把它们的软件装在一个塑料袋中销售，带有一张复印的使用说明和一个电话号码（你可以拨打这个电话寻求‘技术支持’）。对微软公司来说，当有用户打电话要求定购一些软件时，谁接到电话谁就是‘送货部’。他们要跑到办公室的后面拷贝一张磁盘，把它放在邮件中，随后回到自己的座位上继续编写代码。”比尔·盖茨这样描述自己最初创业的经历。

皇天不负有心人，经过六个月的奋战，比尔·盖茨终于让微软的MS-DOS搭上了IBM这一趟顺风车。比尔·盖茨把握住了这个机遇，而基德尔博士与这个巨大机遇擦肩而过。

其实，机遇无处不在。公司领导换了，政府政策变了，社会形势新了，乃至各种信息、问题的出现，都可以视为机遇。关键就在于你是不是善于发现，善于发掘。一般说来，机遇大多来自以下各方面：

1.领导者的变化。

一个公司的领导者对本公司下属的成功也有至关重要的作用。有时，领导者变了，公司的情况会发生一系列变化。这种变化对有些人来说，可能是“灾难”，对另一些人来说，则是机遇。随着领导人员的变化，领导者的注意力、兴奋点和其他许多方面都会产生变化。

有些人适应这种变化，那么，领导人员的变化就是一种机遇。

这种变化首先体现在“微观政策”的调整。由于领导者不同，实行的“微观政策”也会有较大的差异。

领导者变化所提供的机遇还体现在为一些人的成功提供空缺。领导不换，空缺难觅；没有空缺，纵然你有很大的本事，也难以达到理想的位置。在领导者的调整和变化中，会产生许多空缺，这时，早有准备的人就有了填充、上位的机会。

2交往是机遇的源泉。

交往越广泛，遇到机遇的概率就越高。有许多机遇就是在与他人交往中出现的，有时甚至是在漫不经心的时候，朋友的一句话、朋友的帮助、朋友的关心等，都可能化作难得的机遇。

3.意外事件的发生。

许多意外事件都是一个良好机遇的开端，即使这件事情表面上看起来是件坏事——譬如天灾人祸。因为有灾难，就要有恢复，就有种种需求，社会需求的产生，就给有准备的人带来了机遇。

众所周知，美国的众多企业家在第二次世界大战之后发了大财，当时百废待兴，国家、国际社会的需求异常活跃，为众多的资本家提供了前所未有的机遇。

就机遇何来这个话题而言，以上几条总结得绝不全面。其实，机会就在身边。

每时每刻都有能改变你生活的事情发生，重要的是你能否在第一时间把握住。很多人不善于培养自己发现机遇的习惯，总以为机遇远在他方，其实机遇就在眼前。

许多人认为自己贫穷，实际上他们有许多机会，只是需要他们在周围的种种潜力中，用比钻石更珍贵的能力中发掘机会。据统计，在美国东部的大城市中，至少94%的人第一次挣大钱是在家中，或在离家不远处，而且是为了满足日常、普通的需求。对于那些看不到身边机会，一心以为只有远走他乡才能发迹的人，这不啻是当头一棒。不要等待千载难逢的机会，要抓住平凡的机会使之不平凡。

比尔·盖茨曾教导自己的员工："只要你善于观察，你的周围到处都存在着机会；只要你善于倾听，你总会听到那些渴求帮助的人越来越弱的呼声；只要你有一颗仁爱之心，你就不会仅仅为了私人利益而工作；只要你肯伸出自己的手，永远都会有高尚的事业等待你去开创。"

成功的机会是无限的。在每一个行业中，都有无数的机会足以去发明产品、改善制造和管理的过程，甚至去提供比竞争对手优越的服务。但是，每个机会都是稍纵即逝的，除非有人抓住它，并善加利用。太多的人终其一生在等待一个完美的机会自动送上门，期待着生命中最光荣时刻的到来。只是他们不知道，只是等待而不伸出双手捕捉，成功永远与之无缘。

那些善于利用机会的人在发现机会与把握机会的时候如同撒下了种子，终有一天，这些种子会生根—发芽—结果，给他们自己或是别人带来更多的机会。每一个一步一个脚印、踏踏实实工作的人其实正在离知识与幸福越来越近，可供选择的道路也越来越宽，越来越平坦，也越来越容易往前走。这些道路其实向所有的人都是敞开的，无论是对头脑冷静、生活节俭、年富力强的机械师，还是对谦虚好学的学生；无论是对谨慎细致的公务员，还是对兢兢业业的公司职员。如今，通过这些道路走向成功的可能性甚至要比历史上的任何时期都更大一些。

不犯错误的人不努力

“即使是傻瓜也会为自己的错误辩护，但能承认自己错误的人，就会获得他人的尊重，从而有一种高贵怡然的感觉。”

比尔·盖茨曾经说过：“我们应该接受迅速的失败，而不是缓慢的失败，最不该接受的则是没有失败。如果有人从不犯错误，那么只说明他们没有努力，他们没有费吹灰之力。”

在《未来之路》中，比尔·盖茨以他超前的眼光论述了未来网络时代的特点。但是他却错误地估计了网络时代来临的速度，因此当网络兴起的时候，微软公司落后于其他公司。

IBM的董事长在1995年11月曾经提出当时已经步入以网络为中心的计

算机时代。在网景公司和Sun公司的带领下，互联网络逐渐向信息高速公路发展，并且在两年的时间里信息高速公路已经成为现实，这使得计算机行业发生了巨大的变化，结束了计算机由软件统治的时代，而且网景公司的网络浏览器在计算机软件市场上占据了很大的市场份额。

这时候，人们惊奇地发现，作为软件行业霸主的微软公司竟然没有参与到这次的网络大潮中，原来是比尔·盖茨对网络时代来临的时间作出了错误的估计，结果公司没有做好应对这次网络时代大潮来临的准备。在意识到自己的错误之后，比尔·盖茨迅速作出了反应，在落后于他人的基础上，他对微软产品的发展方向和计划都重新做了定位。1996年，他将14亿研究经费中的大部分和数千名程序员都投入到了开发有关网络软件的产品里面。在一年的时间里，微软公司迅速实现了转型，并且通过免费赠送等形式获得了大量的市场份额，进而超过了网景公司，成为了网络软件产业的“领头羊”。

每个人都会犯一些错误，多少都会挨过批评。如果我们是对的，就要说服别人同意；而我们错了，就应很快地承认。人非圣贤，孰能无过，面对别人对我们的错误进行批评指责时，我们要虚心地接受。比尔·盖茨除了很重视朋友及家人的意见外，还很重视竞争对手的批评。他常常说：“竞争对手的意见常常比我们对自己的看法中肯得多。”

不怕犯错、具有创新和冒险精神，这也是比尔·盖茨对自己所管理的团队的要求。比尔· 盖茨对于员工的要求十分严厉，甚至达到了吹毛求疵的地步。他对于员工犯下的错误批评起来毫不留情，任何微小的错误，只要被比尔·盖茨看到，都会被毫不留情地指出来并要求改正。但是这并没有让员工变得保守，因为在这种批评下，错误不会被睁一只眼闭一只眼地放过，但也不会把这一点小错误无休止地放大到对能力的质疑。

在微软工作的人从不惧怕失败，他们将失败看做是任何事情走向成功的铺垫。在微软，只要遇到失败，接下来不是进行批评、斥责或者评估损失，而是“残酷无情”的剖析过程，他们认为这是对失败的尊重。失败的直接作用就是促使他们去尝试新的实现可能，也正因为失败成就了微软一次次令对手胆寒的成功。

比尔·盖茨非常注重容忍失败，不计较甚至是欢迎工作过程中遇到的失败，在失败中，他们知耻后勇，因此微软的竞争力在失败的考验中得到更大的提升。比尔·盖茨和微软的成功正如他自己所说：“人们所认识到的往往是成功者经历了更多的失败，不同的是他们从失败中站起来并继续向前。”卡耐基也有类似的观点：“跌倒了再站起来，在失败中求胜利。”

在大家的印象中，微软公司在软件行业占据着绝对的优势，一路顺风顺水。事实上，微软的巨大成功的背后也有着很多的错误和失败。但是每一次失败都激励着他们更加努力地去追求成功，失败后的微软取得的成功更大。比尔·盖茨说，失败并不是一件坏事，一次失败能教会你许多，甚至比在大学里所学到的还有用。

颇值得玩味的是，很多人都是经过了失败才发现了自己真正的才干。他们如果没有遇到极大的挫折，没有遇到对他们生命本质的打击，就永远不知道怎样发掘自己体内蕴藏的能量。

成功者不一定具有超常的智力水平，也大都没有特殊的机遇和优越的条件，更不是没有经历过挫折、艰难与失败的人。相反，他们大都是能够在不幸的境遇中奋起前行的人。他们不怕艰难，不会被困苦的处境压垮。成功者最可贵的信念是变压力为动力，在荆棘中开辟新的成功之路。

作者手记

在遇到困难的时候，我们要做的不是对失败心生畏惧，而是及时换个思路，多尝试几种方法。害怕失败只会让你止步不前，勇敢面对才能让你生出改变一切的勇气，并找到改变现状的智慧与方法。

在很多时候，困难本质上是一块让人增长经验的磨砺之石，而绝非拦路虎。但是由于我们害怕失败，没有人敢对困难发起挑战，它的实际作用也得不到体现。很多时候，当我们选择拒绝失败，其实也就是选择了拒绝成功。一些伟大的人物之所以能取得成功，并不在于他们有多么出众的天分或多么强劲的实力，他们只是做了力所能及的事情：抛却一切畏惧的念头、全心投入到对问题的处理中去。

第十章

每一样更新升级，都是无数个bug促成的

不放弃就永远不会被打垮

“巨大的成功靠的不是力量是韧性。社会竞争常常是持久力的竞争，有恒心和毅力的成功者往往成为笑到最后、笑得最好的人。”

比尔·盖茨曾说：“巨大的成功靠的不是力量而是韧性。社会竞争常常是持久力的竞争，有恒心和毅力的成功者往往成为笑到最后、笑得最好的人。”他认为，只要有坚强的持久心，一个庸俗平凡的人也会有成功的一天，否则即使是一个才识卓越的人，也只能遭受失败的命运。

“我小时候选择的一个梦想是计算机，我想把它作为一种工具来使用。当时我选择这个梦想并不是说要挣多少钱，建立一家多么伟大的公司，我只是梦想能有这么一个非常出色的工具。现在，距离实现这一个目标已经走完一半的路程，当然，这是我一生要做的工作。我希望我最终结束工作的时候，能够完全实现这样一个梦想。”这绝对不是一个轻松的过程，其中的残酷足以让一个意志不坚定的人心生畏惧而裹足不前。

在创业之初，市场上出现了大量的盗版BASIC编译器，比尔·盖茨认为这应该由罗伯茨负责并收回了BASIC的授权。然而罗伯茨手中持有一份协议，该协议允许罗伯茨在10年之内使用和转让BASIC的程序和源代码，据此，比尔·盖茨被告上了法庭。

在惨淡经营的创业之初，高昂的律师费让比尔·盖茨捉襟见肘，而法院的仲裁过程又进展缓慢；与此同时，刚刚得到版权转让的Perterc公司也拒绝支付微软版权费。收入的减少和巨大的开支几乎把微软逼到了濒临破产的境地，盖茨和艾伦面临着巨大的困境。此时，大量的律师费支出使他们身无分文，结果他们只得向自己手下的员工借25000美元度日。但盖茨和艾伦毕竟还是挺过来了，最终打赢了这场官司。

比尔·盖茨回忆起当时的所处困境，仍然有点后怕，他说："他们企图把我们饿死，我们甚至付不出律师费，所以当他们有意与我们和解时，我们几乎就范。事情到了那么糟糕的地步，仲裁者用了9个月才发布那该死的裁决……"

但这绝不是比尔·盖茨和微软遇到的唯一一次窘境，这仅仅只是开始。随着微软公司日益壮大，越来越多的软件公司对微软公司的诉讼也随之而来，比尔·盖茨和微软因此始终在法庭上与对手们周旋。正如《圣经》里所说的那样："你若在患难之日胆怯，你的力量就要变得微不足道。"比尔·盖茨在创业的道路上从来都没有失去过耐心，他一直在坚持着。即使被美国、欧盟等国家和组织裁定为垄断，被迫缴纳巨额的罚金、进行业务拆分等。对比尔·盖茨和微软公司来说，坚持就是最好的斗争。

在困难面前，比尔·盖茨向来就不缺乏耐心，因为他始终相信，"只有坚持不懈，才有可能成功。"比尔·盖茨开发面向网络的操作系统

Windows NT时，做出来的第一个版本并不成功；接着他尝试了第二个版本，可结果还是不尽如人意；接着第三个版本还是结局惨淡。当时就有员工问比尔·盖茨这个东西是否真的还有必要做下去，比尔·盖茨的回答非常干脆而坚定，他确信这个是对的，所以一定要坚持做下去。然后比尔·盖茨把理由解释给大家听，员工们在他智慧和执着的解释下也选择了坚持，结果研究出的Windows 2000成为风靡一时的操作系统软件。

在激烈竞争的市场上，有许许多多从事电脑产业的公司湮没无闻，而微软在风刀霜剑的软件业界四面楚歌，比尔·盖茨和微软不但没有屈败，反而在困境中一步步壮大。这固然与比尔·盖茨非凡的远见和英明的决策有着极大的关系，同时比尔·盖茨在创业过程中表现出来的一往无前的勇气和坚定不移的耐力也是令人称道的。

除了在困难面前表现出坚韧不拔的意志外，比尔·盖茨在他刚刚创立微软公司的时候，还坚持自己亲自去拜访大公司销售他的软件，连续超过6年后才慢慢将销售的工作授权出去。即使现在微软有新产品发行，比尔·盖茨总是亲自巡回全世界进行销售。例如，当年的Windows 95，还有1999年他到中国深圳亲自销售他的“维纳斯计划”，媒体称他为全世界最有钱的推销员。

在比尔·盖茨的领导下，微软的使命是不断地提高和改进软件技术，并使人们更加轻松、更经济有效而且更有趣味地使用计算机。凭借着比尔·盖茨坚持不懈的努力，现在的微软已成为世界上最强大的高科技公司。

比尔·盖茨说：“在这个世界上，没有人能使你倒下，如果你自己的信念还站立的话。”只有坚持下去，才有成功的可能。

作者手记

著名成功学家温特·菲力说：“失败，是走向更高地位的开始。”许多人之所以获得成功，一个很重要的因素就是他们屡败屡战。没有经受过大的失败的人，也不会获得大胜利。

成功与失败如同人生发展的两个轮子。在实际生活中，只有自信主动、心态积极、坚持开发自己潜能的人才能真正领会它的含义。你做一件事情失败了，这意味着什么呢？无非有三种可能：一是此路不通，你需要另外开辟一条路；二是某种故障作怪，应该想办法解决；三是还差一两步，需要你进行更多的探索。这三种可能都会引导你走向成功。失败有什么可怕呢？成功与失败，相隔只有一线。即使你认为失败了，只要有“置之死地而后生”的心态和自信意识，还是可以反败为胜的。如果你不是怕丢面子，怕别人说三道四，那么失败传递给你的信息只是需要再探索、再努力，而不是你不行。

不敢再试一次，是导致事业和人生失败的致命原因。被打垮不是因为你不够强，而是因为你选择了放弃。

轻易言退是做事的大忌

“你在向目标挺进的时候，千万不要被别人负面的声音吓倒，更不要灰心丧气。”

人生中会遇见种种意想不到的问题、困难，浅尝辄止，轻易言退，是做事的大忌。成功，往往来自于再试一次的努力之中。

鲑鱼又称鳟鱼，是世界上珍贵的鱼种。鲑鱼在淡水中出生，到海洋中生活，几年后又回到出生的地方产卵，产卵后立即死亡。鲑鱼为什么要远离自己的出生地到海洋里去生活？对于这个问题，科学家普遍认为，鲑鱼出海生活主要是因为清澈的北温带的河流中没有足够的食物，而且河流中也没有足够的地方可容纳它们，出海完全是生活所迫。鲑鱼到了海洋也成群地生活，并到遥远的北部海洋去觅食。

然而，它们在海里生活数年之后，为何又从几千里之外的地方找到自己原来出生的河流呢？对此专家们也没有统一的说法。但目前有一种理论认为，鲑鱼有内在的磁场地图和精确识别白日长短的天赋。此外，鲑鱼还能嗅出自己小时候曾经生活过的河流中淡水的特殊味道，在熟悉的地方，它们便于产卵。而且，淡水河流更有利于小鲑鱼的生存和成长。

鲑鱼千里迢迢返回自己的故乡，目标很明确，就是繁衍后代。为了这个目标，鲑鱼世世代代历尽艰难险阻，不屈不挠、废寝忘食地连续游两三千里。每年秋天，是鲑鱼开始溯流而上的时节。进入淡水之后，它们停止进食，几千里的逆水行程，都是饿着肚子进行的，而且一路上它们不但要忍受饥饿，还得抵御风寒，穿越各种变幻莫测、深不见底的漩涡，也要跃过一道道拦路的堰堤，飞跃一处处直泻的瀑布，可以想象它们其中的辛劳。

鲑鱼的存在有其独特的象征含义：顽强的生命力、旺盛的繁衍能力、勇气、智慧和预见性。生于北欧和美国西北海岸的人们则认为，鲑鱼使出浑身力气逆流而上，便是大自然殷实富足和聪明智慧的象征。

在职场，最受企业欢迎的员工会像鲑鱼一般坚忍执着地前行，他们在努力过程中还会停下来检视自己的劳动成果。这一路上当然会有各种各样的艰难险阻，无论碰到的障碍物有多高，他们一次跳不过去，便会两次、三次、四次地不断跳跃，从来不会放弃努力，直到实现自己的目标为止。

有个青年去微软某下属公司应聘，而该公司并没有刊登过招聘广告。见经理疑惑不解，青年结结巴巴地解释说自己是碰巧路过这里，就贸然进来了。经理感觉很新鲜，破例让他一试。面试的结果出人意料，青年表现得糟糕。他对经理的解释是事先没有准备，经理以为他不过是找个托词下台阶，就随口应道："等你准备好了再来试吧。"一周后，青年再次走进公司的大门，这次他依然没有成功。但比起第一次，他的表现要好得多。而经理给他的回答仍然同上次一样："等你准备好了再来试。"就这样，这个青年先后5次踏进该公司的大门，最终被公司录用，成为公司的重点培养对象。

由此可见，工作中，不管遭受多大的挫折和困难，都不要轻言"不"字。因为说"不"表示关上了追求的大门，"不"这个字指失败、垮台、延误。生活中，许多不成功的人士在遇到挫折时，很快就放弃了做进一步的尝试和努力。

生活中的许多障碍不会因为你采取了坚定、明智且积极的行动，就从你的眼前消失。当你因为某件事而感觉受到挫折时，不妨想想爱迪生在改变整个世界前那一万次的失败。有人去问一个正在溜旱冰的男孩："你是怎样学会溜旱冰的呢？” 那孩子回答道：“哦，这很简单，跌倒了爬起来，爬起来再跌倒，反复多次就学会了。”

比尔·盖茨鼓励年轻人说，你在向目标挺进的时候，千万不要被别人负面的声音吓倒，更不要灰心丧气，你应该做的，就是稍作调节，再鼓足勇气，继续前进。假使你在途中遇上了麻烦，你就去面对它、解决它，然后继续前进，这样问题才不会愈积愈多。同时，你解决了一个问题，其他问题有时也自动消失了。时间能消除许多问题，你只有坚忍执着，一个一个来，不要操之过急，很快，你就会发现自己有了很大的转变，干劲增强了，自信心也提高了，你会感到一种前所未有的快乐，你的工作也比过去做得更好，你的人际关系也朝着好的方向转变。

一位经理在描述自己心目中的理想员工时说：“我们所需要的人才，是意志坚定、工作起来全力以赴、有奋斗进取精神的人。我发现，最能干的大多是那些天资一般、没有受过高等教育的人，他们拥有全力以赴的做事态度和永远进取的工作精神。做事全力以赴的人获得成功的几率大约占到九成，剩下一成的成功者靠的是天资过人。”这种说法代表了大多数管理者的用人标准：除了负责任以外还应加上韧性。

具有韧性的人能够经受挫折。决心固然宝贵，但有时会因力量不足、能力有限而受阻，而唯有借助韧性，方可长驱直入，无人能敌。在职场中，一旦你树立了意志坚定、富有忍耐力、头脑机智、做事敏捷的良好名声后，无论在哪里，你都能找到一个适合你的好职位。

作者手记

很多成功的职业人士都是以极大的忍耐力和意志忍受着困苦，在艰辛中一点点地向前迈进，跌倒了再爬起来，终于达到成功的顶峰。

所谓忍耐力就是把痛苦的感觉或某种情绪抑制住，不使其表现出来的能力。它是意志顽强的一个前提，二者时常是联系在一起的。成功的人在执行决策和处理问题时，对忍受困难、痛苦、挫折有恒久的承受力，对于突发的一些事情，在情绪上能够把握住自己，不大喜大悲，有足够的自制力，这便于平衡心态，积蓄力量，等时机一到，马上行动，赢得最后的胜利。

许多人最终没有成功，不是因为他们能力不够、诚心不足或者没有对成功的渴望，而是缺乏足够的忍耐力。这种人做事时往往虎头蛇尾、有始无终，做起事来也是东拼西凑、草草了事。他们总是对自己目前的行为产生怀疑，永远都在犹豫不决之中。有时候，他们看准了一项事业，但刚做到一半又觉得还是另一个职业更为妥当。他们时而信心百倍，时而又低落沮丧。这种人也许可能短时间内取得一些成就，但是，从长远的人生来看，最终还是一个失败者。世界上没有一个遇事迟疑不决、轻易言退的人能够真正成功的。

没有竞争到底的决心，就没有资格成功

“没有哪一个老板会喜欢任用一个办事拖拉、草率行事的人。换句话说，这样的人就是没有竞争能力，而微软是不能容忍这样的人存在下去的。”

美国密歇根大学的研究人员进行过一些实验，他们安排一个工作小组的人员在一个专门设计的“竞争房间”内一起工作了几个月，结果发现，

工作人员在这种新型办公室内的工作效率，比在传统的办公室内的工作效率提高了很多。

该项目小组对6组软件开发人员进行了测试，这些工作人员几乎没有在“竞争房间”工作过的经验，利用软件开发业通常采用的考核方法，研究人员对员工的劳动生产率进行评价。然后，将在“竞争房间”内工作的员工的工作效率数据与传统情况下的工作效率进行比较。试验表明，在“竞争房间”中，员工的工作效率是以往的两倍多，而且，在后续的11次试验中，研究人员得到了几乎相同的结果，有的甚至把工作效率提高到之前的4倍！

像竞争激烈的软件市场一样，微软内部人才的竞争也十分激烈，加之微软扩张得异常迅速，每隔几个月就得重新组合一次，使内部人才的竞争愈演愈烈，甚至充满了火药的味道。微软公司内部也实行独树一帜的达尔文式管理风格——“适者生存，不适者淘汰”。不断地裁掉最差的员工，是微软的一贯原则。这样，微软公司便能够不断纳优排差，以保持整个企业正常的“新陈代谢”状态，让企业保持弹性。

在30年的发展中，微软公司一直在寻求技术产品的推陈出新，但微软企业文化的核心理念一直没有改变——“激发每个员工的潜能”。比尔·盖茨非常清楚，对工作充满激情的人才有更高的工作效率。因此，比尔·盖茨非常注重激发员工的潜能，当你有100%的能力的时候，希望你能做到120%。

为了激发员工的潜力，公司采用了行之有效的办法——业绩考评和工作评估。微软公司采取定期淘汰的严酷制度，每年考核一次，然后将效率差的5%的员工淘汰出去。而且业绩考评和工作评估得出的结果，是员工晋升或者裁撤的唯一依据。所以在大多数的公司，某项成功可能可以让你轻松个10年、15年，但在微软，这样的成功只代表你下个工作可能会做得更好，微软绝不会让人员停留在过去的成就上。在微软，今天的绩效不代表一切，任何人想要停留在原地就会被别人超过，因此，在这种环境下，人人都要全力以赴，任何人都不许找理由或借口。

在微软，一个软件工程师的工资可以比副总裁高，这是其他公司没有的机制。有一个在微软做了12年的非常优秀的软件工程师，他有很多机会做管理，但他拒绝了。他说，第一，我对管理没有兴趣，我管不好人；第二，我就想把我的所有时间都花在研究技术上。按照传统观念，你不做管理，你只是一个兵，不是将，你的工资肯定上不去，但微软的价值观是看贡献，而不是职位。这样的环境让员工可以在自己擅长的领域充分地展现自己的竞争力。

比尔·盖茨说："我的员工会不满，但是他不会愿意和其他公司的员工交换工作。"事实上微软的工资不是最高的，但是充满挑战的环境、高额的目标完成奖励，都是对人才极大的吸引。微软公司不以论资排辈的方式来决定员工的职位及薪水，员工的提拔升迁取决于员工的个人成就，这些营造出了公司的竞争氛围，给员工带来了压力，促使他们更加努力地工作。到1992年，依靠公司为奖励目标达成配送的股票，微软有近3000名员工成为百万富翁。

微软的这种办法是一个挖掘人才潜能的有效手段。在这种体制下，提高工作效率是员工唯一的生存途径。当然，其中我们还可以看出，在这种体制下还可以让员工创造自己的发展空间。微软的考核制度是寻求双方的认同，一方面，员工应看出自己的不足，加以改进；另一方面，如果评估结果显示，公司现有的管理制度确实阻碍了员工发挥个人的工作潜能，那么，公司就应该立刻改善自己的管理风格并调整计划，所以才会出现上述员工甘愿做技术而不去做管理的情况。

当然，微软的这种内部竞争机制是建立在竞争基础上，而不是斗争，这种竞争是在理性的基础上。做到这一点，微软完全是靠制度来保障的。在微软，团队协作仍然是团队的核心，但是竞争环境下的合作被赋予了新的含义，微软通过无级别的员工平等意识来激发成员的竞争意识，用争论来激活团队的气氛。这样既满足了员工自身提高水平和技能的需要，也满足了团队目标的需要。

“我们公司与其他公司最本质的区别就在于所雇用的员工素质不同。公司整个系统的基础就是员工们敏锐的思维方式和惊人的工作效率。如果你的员工在几个小时内就完成别人需要花许多天的工作，你就会拥有更大的灵活性，就会觉得有更丰富的资源可以利用。”比尔·盖茨对此颇为自得。

在这种具有极大发展空间而又充满竞争的工作环境中，微软的员工具有强烈的工作热情和工作欲望。他们充满了竞争压力，而又具有雄心壮志，因此微软的员工都有着极佳的创造力，这保持了微软强大的市场竞争能力。

对此，比尔·盖茨说道：“只有在竞争中才能成长。这种竞争不仅指外部残酷的市场竞争，还包括内部无情的淘汰竞争。竞争使企业更强大，使员工更能创造业绩，一切人员的升迁只能取决于员工的个人成就。正因为如此，微软才能在市场竞争中始终保持领先于人的活力。”

作者手记

不思进取的员工不但不能够发展，说不定还会在日益激烈的工作竞争中被淘汰。只有那些能够不断学习，适应企业需要的员工才能够在企业里长久地生存。勇于和他人竞争的员工，就拥有了不懈的动力，凭借这样的动力，才能够不断提升自己，全力以赴将工作做到最好，也为改变自己的命运提供了更多的机会。

因此，不管你在什么行业，不管你有什么样的技能，也不管你目前的薪水多丰厚、职位多高，你仍然应该告诉自己：“要做竞争者，我的位置应在更高处。”这里的“位置”是指对自己的工作表现的评价和定位，不仅限于职位或地位。

遭遇了失败才认识了成功

“我们应该接受迅速的失败，而不是缓慢的失败，最不该接受的则是没有失败。如果有人从不犯错误，那么只说明他们没有努力，他们没有费吹灰之力。”

微软对每一个员工灌输正确对待失败、尊重失败的思想，甚至提出“没有失败说明工作没有努力”。因此，在微软工作的人从不惧怕失败，他们将失败看做是任何事情走向成功的铺垫。在微软，只要遇到失败，接下来不是进行批评、斥责或者评估损失，而是“残酷无情”的剖析过程，他们认为这是对失败的尊重。失败的结果直接作用就是促使去尝试新的实现可能，也正因为失败成就了微软一次次令对手胆寒的成功。

在大家的印象中，微软公司在软件行业占据着绝对的优势，一路顺风顺水。事实上，微软的巨大成功的背后也有着错误和失败。这些错误和失败在强者看来都是成功的垫脚石，每一次的失败都能激励他们更加努力地追求成功。比尔·盖茨和微软就是如此，他们知耻而后勇，失败后的微软取得的成功越发强大。

经过多年的发展，微软逐渐壮大，此时的比尔·盖茨也渐渐显露出他称霸软件王国的野心。但是当时的计算机行业，远非微软所能统治。为了实施这一计划，比尔·盖茨指派得利干将西蒙伊组建开发小组，研制第一个应用软件产品——“多计划”，进军应用软件领域，也就是进入软件零售市场。比尔·盖茨打算将微软从一个单纯的软件开发公司变为具备零售营销能力的多功能公司。

为此，比尔·盖茨聘来对软件一窍不通、却是市场营销策划高手的罗兰德·汉森。罗兰德·汉森向比尔·盖茨力陈品牌的重要性，他说：“品牌将产生一种光环效应，当人们对品牌产生联想时，产品才更容易被接受。产品时有好坏，市场需求时有变化，但如果你有一道荣光永在的品牌，当你以这种品牌推出新产品时，它将更容易站住脚，更容易受欢迎。”比尔·盖茨赞成这种观点，也同意将“微软（Microsoft）”作为品牌。此后，微软公司所有的产品都用这一商标。

由于罗兰德·汉森的加入，微软公司的营销策略已没什么问题，但“多计划”软件的发行却不理想。因为这套软件的设计有致命的弱点，它是以IBM公司64K内存的电脑为标准设计的，在功能、速度上都不尽如人意。西蒙伊后来说：“微软公司没有预见到人们如此迅速地接受大内存电脑，因而没有使自己的产品适应这种高端的需要。它过分考虑了广泛的适用性，因此导致运行速度大为降低，这实际上是走了一条错误的发展道路。”

敏锐的比尔·盖茨发现这一计划行不通，马上把“多计划”改名为“微软计划”。后来，它曾一度被用户看好，并被《信息世界》杂志评为“年度最佳软件”。但它仍然很快就被同类型产品莲花公司的“Lotus 1-2-3”取代，销量落到畅销软件排行榜的前30名之外，并逐渐被市场所淘汰。

“多计划”软件惨遭失败，导致微软公司的应用软件一度退出市场，也使比尔·盖茨受到强烈震动。他逐渐认识到，软件设计这个领域是藏龙卧虎之地，稍有不慎便会被别人扫地出门。这一严峻的现实让一向自视甚高的比尔·盖茨觉得不可思议：微软公司人才济济，一向走在别人前面，怎么可能被别人压下去呢？他怒不可遏，但终于还是决定面对现实，并决心重夺市场。

虽然微软公司遭到了严重打击，失去了应用软件市场，但比尔·盖茨手中还有一张王牌，即提供给IBM公司的86-DOS操作系统。当然，微软公司虽已取得86-DOS的所有权，但警报一直未解除。因为，IBM公司为避免法律上的麻烦，曾答应基尔代尔教授，可能采用他的CP/M操作系统。因此，在IBM公司的“象棋计划”公布之前，基尔代尔教授一直在潜心设计CP/M软件。很多分析家预测：只要CP/M-86出炉，立即就会击败微软公司的86-DOS。但事情的结果完全相反，最后的赢家竟是微软公司。

在不明真相的人眼里，认为是基尔代尔教授的CP/M-86进展太慢，IBM公司等不及了。但实际上是微软公司为IBM公司设计的每一个软件，都是以86-DOS操作系统为基础，它们都是在DOS下运行，而且也只能在DOS下运行。这样，IBM公司别无选择，只能采用86-DOS。当然，IBM公司已按自己的口味将它改名为MS-DOS。

那么，IBM公司如何打发基尔代尔教授的CP/M-86呢？它采用了一个很简单的方式：IBM公司购下了CP/M-86的许可权，与MS-DOS同时进入市场。不过，IBM出售的MS-DOS带有两个高级的BASIC版本，能够操作用于这种电脑的所有软件，售价只有40美元；而当CP/M-86终于完成后，IBM给它标了一个很高的价格：240美元。而且这个价格只是操作系统本身的定价，还不含BASIC软件。因此，它实际上不能操作任何东西。哪个傻瓜愿意花高出几倍的价格买这样的产品呢？其他软件开发商见CP/M-86前景不妙，在设计软件时，全部依据MS-DOS，结果，他们搞出来的东西，也没有一个能用于CP/M-86的，CP/M-86就这样无疾而终了。这样的结果正是比尔·盖茨希望看到的，也可以说是他策划的结果。

面对比尔·盖茨这样的竞争者，基尔代尔教授只好甘拜下风。但比尔·盖茨并不打算就此罢休，他要设法使CP/M-86彻底垮台。那时，救生艇伙伴公司是CP/M电脑和CP/M软件的主要独立批发商，于是比尔·盖茨决定将它争取到自己的阵营。他向救生艇伙伴公司提议，如果它介绍客户到微软公司，将可按收入的百分比得到提成。救生艇伙伴公司对这一提议很感兴趣，很快就和微软公司达成了协议。

由于CP/M-86失去了救生艇伙伴公司，更是变得奄奄一息。比尔·盖茨为什么这么手狠，要把CP/M-86斩尽杀绝呢？因为他想把微软的DOS置于每一种电脑之上。他建议IBM公司采用开放系统，让别人能对这一软件复制，也是为这一目的。这样，人们都以DOS为基础设计程序，就不能在别的操作系统上运行了。后来，DOS的成功使微软公司的BASIC也成为全球标准。

基尔代尔教授被咄咄逼人的比尔·盖茨逼得没有办法，只好奋起反击。不过，由于微软公司的DOS已随着IBM公司的电脑大批涌入市场，已生成气候，基尔代尔的反击显得十分软弱无力。

而此时的微软公司也在不遗余力地推销DOS，微软公司在自己的刊物上声称：目前有35个硬件制造商签约购买了这个产品，其中有11家来自日本。事实上，一直到文章发表后3个月，微软公司也只签了8个日本交易合同和20个美国国内的交易合同。DOS的大局已定，比尔·盖茨便开始向莲花公司反击。即使不为称霸市场考虑，比尔·盖茨也难以容忍被它击败的事实。微软公司的气势咄咄逼人，它的口号是："有Lotus就没有DOS，有DOS就没有Lotus。"

这场充满血腥的竞争最后是以比尔·盖茨和微软的完胜作为结束。起初，微软可谓是一败涂地，但微软上下没有一蹶不振。比尔·盖茨非常注重容忍失败，不计较甚至是欢迎过程中遇到的失败，在失败中，他们知耻后勇，因此微软的竞争力在失败的考验中得到更大的提升。比尔·盖茨和微软的成功如他自己所说："人们所认识到的是成功者往往经历了更多的失败，只是他们从失败中站起来并继续向前。"

作者手记

成功之路难免坎坷和曲折，有些人把痛苦和不幸作为退却的借口，也有人在痛苦和不幸面前寻得复活和再生。只有勇敢地面对不幸和超越痛苦，永葆青春的朝气和活力，用理智去战胜不幸，用坚持去战胜失败，我们才能真正成为自己命运的主宰，成为掌握自身命运的强者。

其实失败就是强者和弱者的一块试金石，强者可以愈挫愈奋，弱者则是一蹶不振。想成功，就必须面对失败，必须在千万次失败面前站起来，用持久心战胜一切。

第十一章

保持与众不同，
以变化应对变化的世界

一劳永逸只是一个传说

“即使我们今天享有盛誉，无所不能，我们也无法保证明天能够继续获得成功，继续享受盛名。竞争者随时会在我们的身边出现，我们今天的位置随时都可能被取代。”

“这个时代的发展确实令我们所有的人感到惊讶，每隔3～5年就会给每个公司的生存带来危机，但这也正是它的魅力所在——没有公司能故步自封。我们要不停地努力，加快速度，确保今天我们不会被时代抛弃。被抛弃则意味着死亡。”比尔·盖茨知道，在商业世界里，不存在一劳永逸的好事。只有不断进取，才能在充满竞争的商业世界生存下去，否则只会落得被时代抛弃的结局。

作为全球最成功的企业家之一，有一句话也许能更准确地表达出比尔·盖茨心中的想法：“每天早晨醒来，想想王安电脑，想想数字设备公司，想想康柏，它们都曾经是叱咤风云的大公司，而如今它们也烟消云散了。一旦被收购，你就知道它们的路已经走完了。有了这些教训，我们就应常常告诫自己——我们必须要创新，必须要突破自我。我们必须开发出那种你认为值得花钱购买的Windows或Office。”这句话也是微软公司的企业文化。

比尔·盖茨一直保持着居安思危的心态，即使是在微软最鼎盛的时期，他也一再强调微软离破产只有18个月的时间。当微软利润超过20％的时候，他强调利润可能会下降；当利润达到22％时，他还是说会下降；到了今天，他仍然说会下降。比尔·盖茨的这种论调未免太过悲观，但正是这种危机意识为微软的发展提供了原动力。

比尔·盖茨和微软的危机感使得公司上下必须找到一条可持续发展的道路，他们在市场中不断开拓进取，唯有如此，才能保住他们的霸主地位。毫无疑问，微软公司的核心业务就是开发软件，但这家巨型公司不可能只满足于固守在操作系统及办公软件领域。由于担心这两个领域的毛利率及成长性下降，对于手握重金且富于进取心的微软而言，进军更多的业务领域是必然的选择。事实上，比尔·盖茨一直没有停下开拓的脚步，无论在什么场合，只要是软件能发挥其效益的地方，就会有微软的影子。所以我们会看到，微软正在为手表开发软件，在为手机开发软件，而家用电器、电视机、汽车等领域也将有微软的产品面世。不过其中有些产品需要很长的时间才能被大众接受，例如微软公司为有线电视网络开发的软件直到最近几年开始才赢得了大量的客户，而其相应的开发工作历时已超过了10年。

在比尔·盖茨的眼中，每一项新技术的发展对于微软来说都是福音。因为利用这些新技术、新产品，微软可以通过研发新软件的方式快速进入这些新的领域。比尔·盖茨说："微软的成功秘诀之一就是在条件允许的情况下提速，走到别人的前面去。"

2004年5月底，当病毒和信息安全问题一再困扰电脑用户时，微软公司宣布开始出售一种可由电脑制造商预装在服务器内的网络安全软件，从而正式进军网络安全的软件市场。出于对科技进步的关注，微软从来都不缺乏市场敏感。微软从2002年初开始不断提升操作系统的安全性与可靠性，并在2003年收购了一家罗马尼亚软件公司的反病毒技术，从此走上了开发杀毒软件的道路。

开发杀毒软件并不是微软的强项，但比尔·盖茨非常清楚地知道，技术是主导市场的主要因素之一。作为企业，技术创新永远是生存必不可少的手段。追逐潮流的结果就是促进企业不断设计、生产出市场需求的各种新产品。一个企业能否持续不断地进行技术创新、产品创新，开发出适合市场需求的新产品，成为决定该企业能否实现持续、稳定发展的重要因素。尤其是在科学技术发展日新月异、产品生命周期大大缩短的新经济时代，企业产品面临的挑战更加严峻，不及时更新产品，就可能导致企业的灭亡。

我们来看看微软的新产品，如Xbox、.NET、MSN、企业应用软件、手机及无线技术、电视等，它的触角已经遍布多个领域。微软目前的产品开发策略已经延伸为提供所有的通用软件，占领一切家电及IT产品终端的操作系统，让任何软件开发均在微软的平台上进行。

计算机领域有一个人所共知的“摩尔定律”，它是由著名的芯片制造厂商——英特尔（Intel）公司创始人之一戈登·摩尔经过长期观察后，于1965年4月19日提出的。“摩尔定律”基本定理包括：第一，集成电路芯片上所集成的电路数目每隔18个月就翻一番；第二，微处理器的性能每隔18个月提高一倍，而价格下降一半；第三，用1美元能买到的电脑性能，每隔18个月就翻两番。

“摩尔定律”所阐述的趋势一直延续至今，且仍然异常准确。它印证了英特尔公司高速成长的辉煌历程，同时，也是微软公司持续发展的秘诀之一。微软和英特尔两家计算机巨擘公司的成功经验表明，在瞬息万变的竞争时代，任何一个企业稍稍疏忽就将面临破产的可能。正如硅谷一家经营者说的：“你永远不能休息，否则，你将永远休息。”只有不断进取，企业才能与时代共同呼吸。

比尔·盖茨说：“即使我们今天享有盛誉，无所不能，我们也无法保证明天能够继续获得成功，继续享受盛名。竞争者随时会在我们的身边出现，我们今天的位置随时都可能被取代。”对公司或企业来说，一劳永逸的想法只会招致灭亡；对个人而言，一劳永逸的想法则会使人失去活力和竞争力，在社会竞争中被淘汰。

作者手记

狄更斯有句名言：“这是最好的时候，也是最坏的时候。”成功，从某种意义上来说，是企业的一种包袱，我国自古就有“骄兵必败”的说法。一个企业若是以行业老大自居，就会丧失应有的危机感，失去创业期的进取精神，故步自封。

变化永不停息，企业的危机难以预料。只有不断地在时代潮流中运用变化，不断地创新，甩掉成功的包袱，才能帮助企业及时调整策略，不致丢掉已有的成就。比尔·盖茨正是深谙此道理，才能领导企业在市场变化中持续保持领先优势，并将对手远远抛在后面，创造出巨额的财富。

永葆强烈的危机感

“危机感是微软常青的秘诀。”

比尔·盖茨认为，最危险的情况是你意识不到危险。在企业经营的过程中，危机总会不知不觉地到来，因此，企业就要预先做好准备。怎样做准备呢？那就是时刻树立危机观念，对企业的不足之处加以改进，从而使企业健康、快速地发展。如果一个企业丧失了危机观念，就好像一个人闭着眼睛开车一样，早晚会出事。对于此种景况，有个故事可做最好的说明：

从前有个国王叫狄奥尼西奥斯，他统治着西西里最富庶的城市西拉库斯。他住在一座美丽的宫殿里，里面有无数价值连城的宝贝，一大群侍从恭候两旁，很多人都羡慕他的好运。他最好的朋友达摩克利斯就是其中之一，他常对狄奥尼西奥斯说："你多幸运呀，你拥有人们想要的一切，你一定是世界上最幸福的人。"达摩克利斯天天这样念叨， 终于有一天，狄奥尼西奥斯听厌了，他决定与达摩克利斯互换一天，让他尝尝做国王的滋味。

达摩克利斯开心极了，他坐在松软的垫子上享受着鲜花美酒，感觉自己成了世上最幸福的人。"噢，这才是生活。"他对坐在桌子那边的狄奥尼西奥斯感叹道，"我从来没有这么尽兴过。"

他举起酒杯的时候，抬眼望了一下天花板——达摩克利斯的身体僵住了，笑容从唇边消逝，脸色煞白——他头顶正悬着一把利剑，仅用一根马鬃系着，锋利的剑尖正对准他双眉之间。他想跳起来跑掉，可还是忍住了，他怕突然一动会扯断细线，使剑掉落下来。他僵硬地坐在椅子上，一动不动。

"怎么啦，朋友？"狄奥尼西奥斯问，"你好像没胃口了。"

"那把剑！剑！"达摩克利斯小声说，"你没看见吗？"

"当然看见了，"狄奥尼西奥斯说，"我天天看见，它一直悬在我头上，说不定什么时候、什么人或物就会斩断那根细线。或许哪个大臣垂涎我的权力欲杀死我，或许有人散布谣言让百姓反对我，或许邻国的国王会派兵夺取王位。如果你想做统治者，你就必须冒各种风险，风险与权力同在！"

危机，是高悬在每个企业头上的达摩克利斯之剑，谁也无法预测它什么时候会掉下来，为此，作为企业的管理者，要时刻保持强烈的危机意识，对公司、对行业、对市场保持一颗清醒机敏的头脑，明察秋毫、防患未然。当危机来临时及时、智慧地应对，以便化险为夷，这样企业才可以及时避免危机的侵袭，健康地生存下去。

英国的人力培训专家B·吉尔伯特曾提出一个管理学上的著名法则，即“工作危机最确凿的信号，是没有人跟你说该怎样做”，人们将之称为吉尔伯特法则。这句话引申到企业经营上，就是最平静的时刻往往是最危险的时刻。市场环境瞬息万变，危机无处不在、无时不在，危机从不同侧面袭击企业的机体，每一个企业都时刻面临着生存和发展的危机。可能是市场环境的突然恶化，可能是领导者的一个错误决策，可能是部门之间的互相牵制，可能是企业内部的一次内讧，一个企业就会面临生死存亡的考验。这种说法深得比尔·盖茨的认同，他号召说：作为企业的主人，微软的每一名员工都要时刻保持高度的警觉，对危机做到先知先觉，这样公司这艘船才能穿过暗礁密布的大海，顺利驶向成功的彼岸。

对一个企业而言，任何时候都存在发生意外的可能，重要的是，要在危机中迅速作出反应，化解难题。效率就是金钱，效率就是生命，所以，成功的企业往往拥有较高的生产、经营效率，高效率取决于企业的管理方法。

危机意识是人们常挂在嘴边的一句话，但真正能做到的却不多。人类天生有一种惰性，不到万不得已就不会去改变现行的各种还过得去的做法，当这种做法还能够让人得到很大的满足时尤其如此。但是，如果一个人、一个部门、一个单位失去了必要的刺激，处在一种安逸的工作氛围中而不自觉，那么，就会失去工作活力，等危机真正到来时，就来不及了。

比尔·盖茨在任时曾多次表态，作为世界著名的大企业，随着全球经济竞争的发展，他们面对的挑战会越来越激烈。如果沉醉于自己的优势地位，就可能会遭到淘汰。为缓解这种状况，不仅仅是微软，各国企业都越来越重视推行危机生产管理。

作者手记

如果一位经营者不能向他的员工们表明危机确实存在，那么他很快就会失去竞争力，因而公司就会失去效率和效益。

很多实力强劲的公司都配有一个精明的领导团体，在他们的领导下，企业效益年年提高。然而，他们每个人的心中，始终充满了危机意识。他们认为，众多企业在市场大潮中都领过风骚，有的青春常在，但有的却昙花一现，其原因在于经营者不仅要有高度的责任感，更要有强烈的危机感。因为，一种产品的销量愈是接近鼎盛期，也就愈接近衰退期。所以，不管企业取得多大成绩，一定要保持头脑清醒，要时时刻刻与同行中的先进企业比。

比尔·盖茨认为，企业经营者和所有员工面对着市场和竞争，都要充满危机感，不要陶醉在一度的“卓越”里。今天的成功并不意味着明天的成功，企业最好的时候往往是没落的开始。

在自我更新中求发展

"主动求变能赢得更多的发展空间。"

盖茨常常用这样一则故事来提醒那些暂时出现方向性错误的人：

假如你在森林中看到一名伐木工人，为了砍一棵树已经辛苦工作了5个小时，精疲力竭却进展缓慢，你当然会建议他："为什么不暂停几分钟，把锯子磨得更锋利？"对方却回答："我没空，锯树都来不及，哪有时间磨锯子？"事实上，很多人都像是这把锈迹斑斑的锯子，当我们困于现状，而又不想去改变的时候，只能一路走得磕磕绊绊。

在数亿万年前，恐龙曾经是地球上最强大、最活跃的物种之一，但不知道什么原因灭绝了，至今没有一个科学家能拿出确实的证据来举证。但有人曾提出一个观点，就是当环境发生剧烈变化的时候，长期安于现状的恐龙缺乏"应变"和"学习"能力，无法改变自己以适应环境的变化。曾经有无数IT公司闻名一时却又如恐龙般默默消失，微软公司在竞争激烈的市场中没有成为"恐龙族"，与他们不断在自我更新中寻求发展有很大的关系。

1982年，比尔·盖茨在参观计算机行业大会时，被一款软件震惊了。这款由当时世界上最强的微机应用软件公司Visi Corp展示的名为Visi On的产品，有三个完整的系列。它的功能类似于今天普遍使用的Windows

与Office系列产品。比尔·盖茨看完后马上意识到这个产品将是微软的核心产品MS-DOS的克星，如果这款产品一旦上市，微软通过MS-DOS建立行业标准的努力将付之东流。

针对这一市场变化，比尔·盖茨马上进入了进攻状态，他和他的微软公司迅速发起一场战役，大力向用户宣传还未面世的Windows操作系统。当时这套操作系统不仅还未面世，而且几乎还没开始设计。但这场战役目的在于从心理上和精神上赢得客户，目的在于瓦解竞争对手而不是促进销售。依靠先发制人的营销策略和与设备制造商的战略伙伴关系，比尔·盖茨对Visi Corp发动了致命的攻击。结果证明，他的战略是非常有效的。当Visi On在Comdex大会之后不久开始销售时，已经无法逃脱Windows的阴影。结果，Visi On产品卖不出去，因为整个世界都在等待着Windows。

求变的心态影响着公司的命运，更能影响人的命运。现实生活中，存在很多恐龙式的人，我们也把他们归入“恐龙族”。“恐龙族”不喜欢改变，他们安于现状，没有野心，没有创新精神，没有工作热忱，不设法提高自己，不让自己有能力做更好的工作。“恐龙族”不肯承认改变的事实，他们不愿为自己制造机会，而情愿受所谓运气、命运的摆布。

在我们周围，你能发现许多类似的人：他们的生活状态不一定很好，可也不算很坏；他们的生活质量不一定高，可也不算太低；他们的人生说不上成功，可也算不上失败。他们一生最大的愿望就是能将他们目前的生活状态保持下去。他们也想过冒险，从而使自己的人生更加丰富多彩，但他们又担心万一失败连自己现在的也失去了。也就是说，寻求一种生活的安全感成了他们所追求最高的人生目标。

客观来说，随遇而安、过一种普普通通的生活也是一种人生，因为我们大多数人都是这样度过的。但是，如果总是随遇而安，把所谓的生活安全感放在人生的第一位，久而久之，我们就会产生一种惰性，机会来到面前也把握不住。

有些时候，面对一些棘手的问题，应该迫切改变的或许不是环境，而是我们自己。换句话说就是：有些时候，我们不是找不到方法去解决问题，而是在问题面前，我们没有真正作出努力。相信在完善自己的同时，我们也就找到了解决问题的方法。

环境的变化，虽然对一个人的命运有直接影响，但是，任何一种环境都有可供发展的机会，紧紧抓住这些机会，好好利用这些机会，不断随环境的变化调整自己的观念，就有可能在社会竞争的舞台上开辟出一片新天地。

不断地自我更新，才能求发展，才能得超越。所以，无论你操控着一个公司的命运还是在操控自己的命运，都需要把控住时代、环境变动的脉搏，让自己不断向前发展。

作者手记

在变化的市场环境中，只有踏实肯干是不够的，思想古板必将使人停滞不前，这样最终只会被淘汰出局。

宏基集团董事长施振荣曾针对目前的大多数员工只知道拼命工作，而不懂得如何聪明工作的现状提出了“不换脑袋就换人”的理念。所谓换脑袋，就是随着外界环境的变化而不断转变自己的思维方式，换掉习以为常的工作模式，在工作中充分发挥头脑的作用。积极思索、锐意创新、善于谋划、长于变通，不断在方法上、技术上和效率上寻求更新的突破和创造更大的业绩，这是新经济时代对员工提出的更高要求和更高期望。

作为一名领导者，自我更新更有非同寻常的意义。随着时代的变迁，一些经营方法、习惯，甚至政策都在不断变化，一个墨守成规不懂与时俱进的领导者，不能将企业领向正确的发展之路。

在创新与变革的洗礼中淘金

“创新带来发展，更带来财富。”

无论是商界巨擘洛克菲勒、昔日声名显赫的亨利·福特，抑或是其他世界级的石油大王、钢铁大王、汽车大王等，可能也无法看懂今日的世界。就在20世纪末的某一天早晨，“大王们”一觉醒来，惊愕地发现，他们已经司空见惯了的财富排行榜发生了戏剧性的变化，以比尔·盖茨为首的一批名不见经传的“小人物”贸然闯了进来，并以令无数“大家”汗颜的速度，荣登全球富豪的宝座：微软公司的市值超过了美国三大汽车公司的总和。百年累积难与他个人匹敌，怎能让人想得通？

农业时代出现的无数大大小小的地主、财主，必然要被洛克菲勒、亨利·福特和卡内基们所替代，而工业时代的石油大亨、汽车大王、钢铁皇帝，又必然要让位于新的财富霸主——信息时代、知识经济的必然产物。

“变化太快了！”这是当代人的共同感受。

许多企业倒闭的速度正像许多企业发展的速度一样惊人，所谓过去不等于未来。过去不成功，不等于未来不成功；同样，过去成功也不等于未来也成功。因此，只有不断创新，才能持续成功。

随着互联网用户的增多，其经济应用价值也应运而生，各种商业、金融机构、产业部门纷纷“入网”，传递、获取商业信息。充分利用互联网络所形成的全球信息网空间也已经形成，人们足不出户，便能参与许多全新的经营方式或全球商业活动，如电子广告网上销售、网络购物中心、网络银行、电子报刊、网络图书馆等。加上与互联网络建设相关的信息产业和应用互联网络的通信产业，一种全新的“网络经济”出现了。

对此，专家已经敏锐地指出：信息革命将成为人类史上最广泛、最深刻的一次社会革命。它不但重新塑造宏观的“上层建筑”，如军事、政治、经济、文化等，也重新塑造着个人的生活方式、娱乐休闲方式。轻轻一按鼠标，就可随心所欲地在网上观赏、阅读、购物、支付、访问、交谈、学习、就医、开会。

“互联网将进入每个人的衣袋中。”诺基亚总裁在《财富》论坛上海年会上，用珍贵的90秒钟发言时间，掷地有声地道出了网络未来发展的方向。

在同一个会上，索尼总裁出井伸之则用简短的比喻，讲了一个十分深刻的道理，他说：“几千万年前，由于陨石撞击地球，而引起恐龙的灭绝很能说明问题。大部分恐龙不是死于陨石的直接撞击，而是死于撞击引起的酸雨和突变的气候，这说明，二次灾害才是恐龙灭绝的直接原因。现在互联网对行业的影响正犹如一颗陨石，如果我们不下定决心改革公司的体制和经营，公司迟早会受到二次、三次灾害的破坏。所以，现在要创造出收益递增时代的新方式，转向知识密集型业务。”

正如比尔·盖茨所言：“你必须准备着接受失败的挑战，因为明天很有可能你会被取代。你唯一所能做的就是不断创新，因为这是我们最大的强项。”唯有创新才能脱颖而出，才能战胜自己、超越竞争。微软的成功就是最好的例子，紧紧抓住最具潜力的新兴产业，紧紧抓住新兴产业中最具“控制力”的项目，然后通过创新不断淘汰自己的旧产品。

据说几年前的某一天，比尔·盖茨从其西雅图总部附近的一家餐馆走出来，一个无家可归者拦住他要钱。给点钱自然是小事一桩，但接下来的事却令见多识广的比尔·盖茨也目瞪口呆——流浪汉主动提供了自己的网址，那是西雅图一个庇护所在互联网上建立的地址，以帮助无家可归者。

“简直难以置信，”事后盖茨感慨道，“Internet是很大，但没想到无家可归者也能找到那里。”

今天，比尔·盖茨的微软给互联网带来了统一的标准，也带来了前所未有的垄断。其Windows操作系统几乎已成为进入互联网的必经之路，全世界各地的个人电脑中，92%在运用Windows软件系统。更值得一提的是，过去两年来，微软共投资及收购了37家公司，表面看起来好像是一种随心所欲的资本扩张行为，但只要把这37家公司排在一起分门别类，立刻就会令人大惊失色。因为这37家公司所代表的竟然是网络经济的3大命脉：互联网络信息基础平台、互联网络商业服务及互联网络信息终端。

微软不仅统治了现在的个人电脑时代，而且已经开始着手统治未来的网络时代！难怪美国司法部要引用反垄断控告微软。但比尔·盖茨从容地说："微软只占整个软件业的4%，怎么能算垄断呢？"

盖茨的说法也自有他的道理，因为软件的形态与工业时代的规模和产品建立的垄断已有明显区别。实际上，微软已不仅仅是垄断。因为操作系统是整个电脑业的基础，微软以核心产品的垄断获得了对整个软件行业的霸权，使得垄断操作"稀释"和掩饰在更大范围的霸权之中，与单纯的数量份额和比例等有关垄断的硬性指标已无明显关系。

软件业的霸权是一种独特的霸权，是知识的霸权，创新的霸权。正如松下幸之助所言："今后的世界，并不是以武力统治，而是以创意支配。"守旧失败，创新必胜，已经成为时代的潮流。任何企业，任何人，如果停滞不前，不思进取，其结果必定是机失财尽，被时代淘汰出局。只有努力发展，寻求新起点，适应事物与时代发展的特点，才能立于不败之地。

作者手记

财富永远是与创新紧密相连的，一个保持走在时代前端的人才能与财富保持不断的缘分。

我们经常说："不怕做不到，就怕想不到。"尽管这种说法有些夸大其词，但是它也给我们很多启示：一个人的观念决定行动，行动导向结果。说到底，人和人的竞争、企业和企业的竞争，最终都是思维方式的竞争。一个因循守旧、不善变革的人，很难在竞争中处于有利地位。

卓越的企业家都善于从不同的思维角度寻找解决问题的办法，他们不会坐井观天，而是站在时代的潮头，以变革思维引导企业的前进和发展。也正是因为如此，他们才能在一次又一次变革的洗礼中淘金，而不是被淘汰。

虚心接受别人意见

"我承认，我认为自己很聪明，但是我还是会听从别人的意见——因为我明白在某些方面的他们比我更聪明。"

在微软公司展开宣传大战之前，计算机公司大多只是依靠在杂志上做广告和用户的口碑来宣传自己的产品，就连微软公司也不能免俗，但是盖茨意识到要最终吸引消费者的注意，靠这些初级的营销是远远不够的，盖茨决定找一个专业的人才来进行微软的营销策划。

而曾经担任过化妆品公司市场部副经理的罗兰·汉森进入了盖茨的视野，而汉森却对计算机行业并不十分感兴趣，因此盖茨邀请汉森来到自己的办公室进行商谈。

汉森对盖茨说："我不知道你们为什么邀请我来你们公司——我对计算机一无所知，甚至没有一台电脑。"

盖茨笑着说："那么请问，1美元的凡士林护手霜和100美元的护肤品有什么区别？"

汉森思考了下，老实地回答说："从本质角度上来说并没有什么区别，1美元的凡士林护手霜和100美元的护肤品都同样好用，甚至1美元的凡士林效果会更好。"

盖茨追问道："那么为什么它们之间的价格会有这么大的区别呢？"

"那是因为他们所树立起来的品牌形象不同。"

"这也是我为什么要请你来我们公司的原因，因为在整个计算机行业，人们还没有真正认识到品牌的重要性，如果微软能将它变成现实，那么我们的产品就可以超群出众了。"

经过三个月的商谈，汉森终于于1983年加入了微软公司，成为微软公关部的经理，负责微软的各种营销工作，如产品的促销、广告的宣传、相关的外交事务等。在当时，IBM公司的产品在消费者的心目中就代表着安全可靠，可以说是当时最成功的一个品牌形象，为了将微软公司塑造成为第二个IBM，成为用户心中最可靠的对象，汉森决定将质量和安全的保证作为微软公司的口号，为了了解人们对于微软的看法和影响，他决定花费5万美元来让一家擅长市场调查的公司帮助微软进行客户市场调查。

但是盖茨认为这毫无必要，这笔钱完全可以省下来，在一次微软的战略会议上，盖茨叫嚷道：“我们公司没必要进行这种愚蠢的调查活动！”但是汉森坚持说：“如果不进行市场调查，我们完全没办法按计划安排宣传工作，我们必须根据调查的结果展开工作。”

最后，盖茨改变了立场，同意了汉森的做法。汉森后来回忆说：“正是由于盖茨能够虚心接受别人的意见，并不独断专行，才能取得如此大的成功。”

经过翔实的市场调查，汉森从中得到了很多有用的信息，比如他们产品的包装和说明书的语言过于专业化，让消费者无法看懂内容，很多工程师在媒体面前宣传自己产品时候没有用统一的宣传语。此外，很多公司的产品虽然被大家熟知，但是人们却并不知道具体的生产厂家是谁，比如当时人们都知道“世界之星”这个文字处理软件，但是没人知道这是Micropro公司生产的。

因此，汉森决定让盖茨作为微软的唯一发言人，其他人不允许在媒体面前随意发表讲话。接着汉森对微软所有产品的名称都进行了统一，在软件名子前面都加上Microsoft，例如，将文字处理软件word改名为Microsoft Word。当时微软公司的工程师对于汉森的这一系列举动并不是特别理解——对于品牌意识的淡薄和不了解使得他们对汉森冷嘲热讽，认为这些只不过是一些表面的功夫，根本无伤大雅。

当时微软的视窗操作系统被这些技术人员叫做界面管理器，但是这种名字过于专业化，只有计算机内行的人才能够完全看懂。为了便于宣传，使这个名字更加朗朗上口，于是汉森给他重新取名字叫做Windows，在汉森看来这个名字非常通俗易懂，而且很贴切地表达出来了这一操作系统的特点。但是这些工程师却不买账，坚持要用界面管理器的名字，两边都各执己见，相持不下。

没办法，汉森只好寻求尚方宝剑，于是他找到了盖茨，盖茨听到了汉森的报告后，认为这一品牌策略对于微软公司来说是有利的，并且专门召开了一次动员大会，在会议结束以后，这些工程师才同意汉森把界面管理器的名字改为Windows。

为了更好地宣传微软的Windows，盖茨决定展开两次产品发布会活动，以便让Windows和微软的品牌打入市场中去。1983年，身为董事长的盖茨聘请了谢利担任了微软公司的总裁，而鲍尔默则成为了微软公司的副总裁。谢利上任以后对微软公司的行政人事做出了重新调整，削减了20%的日常开支，进行了改革后的微软，更加适应了市场的发展，进而取得了更加迅速的进步。

作者手记

一个事物往往存在着多个方面，要想全面、客观地了解一个事物，就必须兼听各方面的意见，只有集思广益，博采众长，才能了解一件事情的本来面目，采取最佳的处理方法。因此，高明的管理者会以“兼听则明，偏听则暗”的箴言提醒自己，多方地听取他人的意见，以确保自己能够作出正确的决定。

与人合作最重要的就是要重视不同个体的不同心理、情绪与智能，以及个人眼中所见到的不同世界。假如两人意见相同，其中一人必属多余。与所见略同的人沟通，益处不大，要有分歧才有收获。每个人应当能够接纳不同的意见，虚心听取不同的声音，这样才能确保自己作出正确的决策。

第十二章

富有不代表一定幸福，金钱不是幸福的等价物

别被欲望毁掉生活

“如果你已经习惯了享受，你将不能再像普通人那样生活，而我希望过普通人的生活，我害怕享受。”

似乎达到财富巅峰的人对金钱都有一种漠视的态度，他们不会因为自己拥有巨大的财富而穷奢极欲，反而过着一种简朴无华的生活。巴菲特、米其林是如此，比尔·盖茨也是如此。对于比尔·盖茨来说，创业是他的人生旅途，财富只是价值量化的标尺，只是自己追求人生事业的副产品。他曾经说过：“我不是在为钱而工作，钱让我感到很累。”

“我只是这笔财富的看管人，我需要找到最合适的方式来使用它。”这就是比尔·盖茨对金钱最真实的看法。他很少关心钱的问题，也不在意自己股票的涨跌。钱既不会改变他的生活，也不会使他从工作上分心。他曾向朋友们坦言道：“当你有了1亿美元的时候，你就会明白钱只不过是一种符号而已，简直毫无意义。”

时常还有人会提醒比尔·盖茨，说他是美国最富有的人。之所以如此，是因为比尔·盖茨看上去更像是一个普通人，他的一个朋友雷伯恩回忆起不久前与他偶遇时的情景说：“他哪里像美国最富有的人呀，竟然没有随从，好像是闲逛一样，并且对我说‘喂，你好，我们一起去吃热狗吧。’”

在生活中，比尔·盖茨从不用钱来摆阔。一次，他与一位朋友前往希尔顿饭店开会，因为迟到了几分钟，所以没有停车位可再容纳他们的汽车，于是他的朋友建议将车停放在饭店的贵客车位。比尔·盖茨表示反对，尽管朋友一再劝说，但比尔·盖茨的态度非常坚决，原因非常简单，就是贵客车位需要多支付12美元。比尔·盖茨认为这是不值得的，即使是几美元，也要让它们发挥出最大的效益。

对于自己的衣着，比尔·盖茨从不看重它们的牌子或者是价钱，只要穿起来感觉很舒适，他就会很喜欢。一次，比尔·盖茨应邀参加由世界32位顶级企业家举办的“夏日派对”，那次他穿了一身套装，这还是妻子先前在泰国给他买了用来拍照时穿的衣服，样子还不错，只是价格还不及歌星、影星洗一次衣服的钱。但他不在乎这些，很乐意地穿着这套衣服参加了这次会议。平日里，如果没有什么特别重要的会议，他会选择便裤、开领衫，以及他喜欢的运动鞋，但是这其中没有一件是名牌。他生活的教条就是：“一个人只要用好了他的每一分钱，他才能做到事业有成、生活幸福。”

不论在生活中，还是在工作中，有问题出现时，比尔都不会首先想到用钱来解决一切。他甚至没有自己的私人司机，也从没有包机旅行过。对他来说，钱失去了对常人那样的诱惑力，他始终保持一颗清醒的头脑：

“我需要像普通人一样生活，我害怕因为过分享受而失去这种生活，这在许多人看来也并不是一个榜样。”

众所周知，比尔·盖茨与妻子都十分疼爱自己的孩子，但是在满足孩子们的一些要求上，他们绝对是一对吝啬鬼。他们认为，在钞票中长大的孩子，他们的无忧无虑终将会让他们一事无成。所以比尔·盖茨夫妻二人宁愿将这些钱捐给最需要它们的人，也不随意交给孩子挥霍。比尔·盖茨甚至公开表示过：“我不会将自己的所有财产留给自己的继承人，因为这样对他们没有一点儿好处。”

除了自己生活和工作上的节俭，比尔·盖茨还把这个节俭的品质带到了微软。在微软，人们运用金钱更是精打细算、锱铢必较，花钱一定讲究实效。微软刚刚创业时，兼任微软总裁的魏兰德将自己的办公室装饰得非常气派，比尔·盖茨看到后非常生气，认为魏兰德把钱花在这上面是完全没有必要的。他认为如果形成这种浪费的作风，不利于微软的进一步发展。

尽管微软今天已是一个雇用4万多人的公司，但还是一直维持像刚创业的样子，一直保持“创业维艰”的心态。微软的员工都非常懂得节俭，一些人称这是微软的“饥饿哲学”。比尔告诉他的员工：“我们赚的每一分钱都来之不易，是我们的血汗钱，所以不应该乱花，应花在刀刃上。”

在微软，没有为主管特别设置停车位或休息室，没有员工有秘书或私人助理，每个人读自己的E-mail，接听自己的电话，写自己的备忘录。

如果一个工作需要用5个人，微软只会指派4个人，因此，这些人就会集中时间和精力去做最重要的工作。

比尔·盖茨总是告诉妻子，自己努力工作并不只是为了钱。对待这笔巨大的财富，他从没有想过要如何享用它们，相反在使用这些钱时却很慎重，比尔·盖茨说："我只是这笔财富的看管人，我需要找到最好的方式来使用它，因为最终我会把我所有的财富都投入基金会里。"如今他已兑现了他的承诺，将自己所有的财产投入到了慈善活动中。

比尔·盖茨公开在《花花公子》杂志上发表言论："如果你已经习惯了享受，你将不能再像普通人那样生活，而我希望过普通人的生活，我害怕享受。"他常对人说，与其说他有钱，还不如说他是"软件产业的卓越开拓者与领导者"更让他感到兴奋。

作者手记

人生来时双手空空，却要让其双拳紧握；而等到人死去时，却要让其双手摊开，偏不让其带走财富和名声……明白了这个道理，人就会对许多东西看淡。有时候，浮躁太多，是因为欲望太多，是欲望吹大了浮躁的"气球"。很多人感到痛苦、不满，就在于过于放纵自己的欲望，一心追逐于物质的享受。

生活中的大多数人则是被过多的物质和外在的成功胁迫着。很多情况下，我们受内心深处支配欲和征服欲的驱使，自尊和虚荣不断膨胀，着了魔一般去同别人攀比：谁买了一对名牌球拍，谁添置了一套高档音响，谁的工资又涨了……这些都会触动我们敏感的神经。一番折腾下来，尽管钱赚了不少，也终于博得了"别人"羡慕的眼光，但除了在公众场合拥有一两点流光溢彩的光鲜和热闹以外，我们过得其实并没有别人想象的那么好，这种人生只是在虚荣和欲望导演下的一种浮躁生活罢了。

财富与幸福不成正比

“一个人只有用好了他的每一分钱，才能做到事业有成、生活幸福。”

对于比尔·盖茨的节俭行为，人们也有质疑之声，认为他的做法太极端，会影响到生活幸福。对此，盖茨回应说，财富与幸福并不存在必然联系，对财富的不当享受对幸福有害无益。

财富和幸福的关系，是被人们探究已久的问题。曾有经济学著作讲“经济状况强烈影响着人们的幸福”。现实也早已证明，有钱的人，可以拥有更多的享受，可以生活得更舒适、更安逸。更何况，从经济学的“理性”来看，我们从事一切活动都是为了实现自身利益的最大化，也就是最大限度地让自己幸福。

传统经济学认为，增加人们的财富是提高人们幸福水平的最有效手段。但近些年来一些专家认为，财富仅仅是能够带来幸福的很小因素之一，人们是否幸福，很大程度上取决于很多和绝对财富无关的因素。举个例子，在过去的几十年中，美国的人均GDP翻了几番，但是许多研究发现，人们的幸福程度并没有太大的变化，压力反而增加了。这就产生了一个非常有趣的问题：我们耗费了那么多的精力和资源，增加了整个社会的财富，但是人们的幸福程度却没有什么变化。这究竟是为什么呢？

归根结底，人们最终追求的是生活的幸福，而不是有更多的金钱。因为，从“效用最大化”出发，对人本身最大的效用不是财富，而是幸福本身。在这方面，盖茨自身最有说服力。他拥有巨额财富，却过着简朴得让人感觉吃惊的生活。

比尔·盖茨婚后，很少与妻子去一些豪华的餐馆就餐，有时候是由于工作而不得不光顾一些高级餐厅。一般情况下，他们会选择肯德基，或是到一些咖啡馆，有时还会一块光顾一些很有特色的小商店，在西雅图有法国、俄罗斯、日本以及南美一些国家的人开设的商店，在那里可以找到这些国家的一些特色商品。一次，比尔·盖茨夫妇慕名来到一家墨西哥人开设的食品店，这里被公认是西雅图最实惠的商店。刚一进店门，比尔·盖茨就被“50%优惠”的广告词吸引了，在不远处的葡萄干麦片的大盒包装上的确写着这样几个字。比尔似乎不敢相信这个标价。的确，同样的商品在本地的一些商店要比这里的原价高出一倍，比尔有意想得知它的真伪，便上前仔细端详。当他确认货真价实时，便爽快地付了钱，并告诉妻子：“看来这里的确如同人们所说的那样，我今天很高兴自己没有多掏腰包。”

抛去其事业上的巨大成就与身上无与伦比的财富，在陌生人眼中，59岁的比尔·盖茨似乎毫无特别之处，衣着朴素，饮食简单，看上去甚至像一位仓库保管员。比尔·盖茨自己切身感悟到，幸福，就是如此简单。

盖茨是个特别聪慧的人，并没有在财富中迷失幸福的感觉。如果用竖轴代表快乐，横轴代表财富，那么二者的关系可以通过一条曲线反映出来：在一贫如洗时，最初的财富积累给人带来的幸福感一定急剧上升。财富积累到一定程度后，幸福感的增加进入一个缓坡。等到财富增长到某个数量后，大大超过了一个人一生的需要，拥有者可以“为所欲为”时，幸福感增长就基本成为水平线，很难再有更多增长。在与孩子们讨论幸福这一主题时，巴菲特表达过这样的观点：无论金钱、财富怎样多，人生终究还是有缺陷的，人的幸福感不可能达到100%。

2000万元当然比1000万元更好，但是很少有人能够因而让幸福感也同等增加一倍。这实在是勉为其难：吃不过三餐饭，睡不过一张床，财富增加了，幸福感不一定同比增加。所以，盖茨一直认为要知足常乐、感受当下的幸福感。他从小就试图教孩子们，从生活的某个小细节享受幸福的感觉。

为什么金钱与幸福没有什么必然联系，人们还是渴望通过追逐金钱来实现幸福呢？主要是因为不知足。

由古至今，人类始终难以摆脱欲望，但是在欲望的追逐中也不乏涌现出一些有明智之举的理性人物。希腊哲学家克里安德，当年虽已八十岁高龄，但依然仙风鹤骨，非常健壮，有人问他：“谁是世上最富有的人？”克里安德斩钉截铁地说：“知足的人。”这句话恰和中国圣贤老子“知足者富”的说法如出一辙。

曾有人问盖茨：“谁比你更富有？”“知足的人。”“知足就是最大的财富吗？”盖茨引用了罗马哲学家塞涅卡的一句名言来回答说：“最大的财富，是在于无欲。”罗马大政治家兼哲学家西塞罗也曾有类似的说法："对于我们现在拥有的一切感到满足，就是财富上的最大保证。"

知足者常乐，知足便不作非分之想，知足便不好高骛远，知足便气静心平。知足者温饱不虑便是幸事，知足者无病无灾便是福泽。过分地贪取、无理地要求，只会徒然带给自己烦恼而已，在日日夜夜的焦虑企盼中，还没有尝到快乐，就已饱受痛苦煎熬。我们如果能够把握住自己的心，驾驭好自己的欲望，不贪得、不觊觎，役物而不为物役，生活上自然能够知足常乐了。

作者手记

知足不是自满和自负，不是装饰，不是自谦，而是知荣辱，乐自然。知足的人即满足于自我的人，知足者能认识到无止境的欲望和痛苦，于是就干脆压抑一些无法实现的欲望，这样虽然看起来比较残忍，但它却减少了更多的痛苦。在能实现的欲望之内，他拼命为之奋斗，一旦得到了自己的所求，快乐便油然而生，每上一个台阶，快乐的程度也会跟着上一个台阶。只有经常知足，在自我达到的范围之内去要求自己，而不是刻意去勉强自己，去强迫自己，而是自觉地知足，才能心平气和去享受独得之乐。

要想做到知足，首先要做到有一颗平常心，一个人对生活的期望不能过高。虽然谁都会有些需求与欲望，但这要与本人的能力及社会条件相符合。每个人的生活都有欢乐，也有失缺，不能攀比。保持平常心，便不会有非分之想，也就能保持心理平衡了。试想，若懂得为生活中星星点点的小惊喜而欢呼，我们还有什么理由不能保持快乐的心态？

回馈是美好人性的体现

“人活着应该让别人因为你活着而得到益处。”

2008年，美国当地时间6月27日上午9点，世界的目光聚集在雷德蒙市一个微软公司的聚会上。这是一个盛大的欢送会，欢送会的主角是IT巨子比尔·盖茨。那一天，在那个时刻，他走出黑色的帷幕，宣布退休。

很多人都以为这位财富人物人生中的传奇部分就此结束，他将淡出公众的视线。他们错了，这个了不起的人从另一个出发点开始他人生的另一段传奇。

这一年，比尔·盖茨刚刚53岁，他并没有打算把人生剩下的大把时间用来挥霍享受，他选择的是做慈善，将从社会中赚取的财富回馈给社会。他的个人资产高达580亿美元，这笔钱会悉数转入“比尔和梅琳达·盖茨基金会”账户名下，而他今后80%的时间也将用于慈善事业。

他的慷慨与他对慈善事业的全心投入让世界为之惊讶。谁能想到，这样一位慷慨的富豪早期并不热衷于慈善事业，甚至称其为铁公鸡也并不为过。

比尔·盖茨财富累积之快，可用“一夜暴富”来形容。盖茨家不习惯挥霍的生活，大笔的财富对于他们来说形式大于实际，于是盖茨的父亲和母亲劝儿子参与慈善事业。盖茨并不同意，他认为微软公司尚在发展阶段，每天都忙得不得了，耗用时间、金钱来搞慈善简直就是开玩笑。这次父母与儿子之间的交流并不成功，据说当时盖茨为了这件事情，甚至在父亲的律师事务所与母亲吵了起来。

不过，吵归吵， 冷静下来的盖茨还是接受了父母的劝说。他倡导微软员工为慈善组织United Way捐款，后来甚至加入了这家慈善组织的董事会。随着微软发展壮大，盖茨的财富如滚雪球般越来越多，于是有很多慈善组织向他抛出橄榄枝。不过此时的盖茨并不想为慈善牵扯太多精力，他承诺说会投入精力在慈善事业上，不过得等到他60岁退休以后。

计划赶不上变化，盖茨实际为慈善事业发力要早得多。盖茨的母亲玛丽患有乳腺癌，这位可敬的女性虽然与病魔英勇抗争，还是在1994年6月去世了。爱妻去世让老盖茨陷入深深的悲痛，作为儿子，比尔·盖茨一直希望能做些什么让父亲振作起来。妻子去世后半年，老盖茨与儿媳梅琳达去看电影。排队买票时，老盖茨突然提出，我们为什么不建立一个慈善基金会呢？老人说，如果建立了这个基金会，他可以帮助微软公司从寄来的求助信件中挑选真正需要帮助的人，然后代表公司对他们进行救助。

盖茨夫妇认为这个主意很好，这非但是个善事，更是一件能让父亲振作起来的事情。事实上，对于比尔·盖茨而言，1994年也是让他难以承受的一年。在这一年元旦，他与心爱的梅琳达成婚，但是没有想到仅仅半年后亲爱的母亲就离开人世。喜乐、哀痛的转换如此之快，让他的心无法回寰。人生的意义究竟为何？人生如何把握方向才不枉辜生命？在苦痛的思索中，原本对慈善并非十分热心的盖茨有了某种认知上的改变。

在这个背景下，“威廉·盖茨基金会”建成了——这就是后来大名鼎鼎的“比尔和梅琳达·盖茨慈善基金会”的前身。仅仅一周时间，比尔·盖茨就为这个基金会投入了9400万美元。作为基金会的管理人，老盖茨在餐桌上敲定了基金会的第一笔善款：为西雅图一家癌症治疗中心捐赠8万美元。

随着时间的推移，盖茨基金会发展成为全球最大的基金会，并俨然成了微软退休高层再就业的不二选择：越来越多的微软退休高层都投入了基金会的工作。这些昔日IT战场上的精英战将做起慈善来实在是小菜一碟，在他们操刀之下，盖茨基金会不但在规模上发展，在捐助范围上也逐步扩大，教育、疫苗研发都成了基金会的捐助对象。

近年来，盖茨把越来越多的精力投入到慈善事业中去。2011年6月11日，盖茨来到中国北京大学与学生做交流活动。有学生提问说：“大学生有热情，但能力有限，可以为慈善事业做什么贡献？”盖茨这样回答：“一个人在年轻时开始思考慈善非常好，虽然你没有足够的钱来做捐献，但你可以去思考慈善，可以走出校园，去比较贫穷的地方做调研，去了解那里的人们需要什么。同时，年轻人也有很多创新的投身慈善事业的方法，比如做志愿服务、参与社会实践。”

这是盖茨一贯对慈善的态度：金钱绝非慈善的全部。事实上，慈善的本质是对社会的回馈。

学会回馈社会是美好人性的体现，同时也是一种处世智慧和快乐之道。学会分享、给予和付出，你会感受到舍己为人、不求任何回报的快乐和满足。的确，在生活中，超越狭隘、帮助他人、撒播美丽、善意地看待这个世界……那么，快乐、幸福和收获会时时与我们相伴。

作者手记

人性最能闪烁动人光辉的，莫过于在任何地点都能看到的友爱之举。没有单纯的本性，就难以营造友好互助的生活圈。爱别人，也被别人爱，这就是一切，这就是宇宙的法则。为了爱，我们才存在。被爱慰藉的人，无惧于任何事物。爱是充实的生命，如同盛满了酒的酒杯一样。

我们不是为了自己而生的，虽然自己是一个人首要的不可选择的照顾对象，但是无疑我们还有能力去照顾和帮助更多的人。在生活中，每个人都能感觉到自己的快乐与痛苦，也能感觉到他人的幸福与悲伤。社会是一个不可分割的整体，因果关系也时刻存在于社会链条之中，如果我们只享受别人的照顾，拒绝照顾他人，那么，那些关爱我们的人也将离开。

有这样一个巧妙的比喻：爱是世界的回音壁。你付出多少爱，世界就会回馈给你多少。当我们感觉到爱的力量的时候，也能立刻感受到生命的温暖。我们在付出爱的同时，也会接收到别人传递的爱的讯号。

把慈善当作一项事业来做

“专业的态度决定成败。”

俗话说“掏钱比挣钱困难”，但比尔和梅琳达不这么认为，他们夫妇俩经常放在嘴边的一句话就是：“捐钱不比赚钱难，四百亿美元要全捐。”

盖茨夫妇曾经说过，自己死后之后只会给孩子留下很少的钱。有记者问他们会不会担心将来孩子们会因此怨恨他们。梅琳达笑着回答说，“他们现在还小，现在只能和他们谈谈吃的、穿的东西。将来等他们长大些，我会跟他们谈论这个。我们相信，如果父母教育得当，那么孩子们对待财富的看法不会和父母有什么不同。”

虽然现在“比尔和梅琳达·盖茨慈善基金会”已经成为世界上最大的慈善基金会，而且他们在为第三世界弱势群体改善生活环境、为贫穷学生提供奖学金和全球艾滋病防治方面贡献卓著，但是对于他们的善举，人们依然褒贬不一。有些人认为盖茨这样做仅仅是为了挽回近年来因打官司而被损毁的微软形象；也有人认为，他们这样做只不过是为了逃避高额的财产税。

比尔·盖茨确实认真而专业地把慈善当作一项事业来做了，之所以会造成这种非议，恐怕是因为比尔·盖茨的基金会走上正轨的时候正是微软与其他的电脑公司因为各种纠纷惹上官司最多的时候，那时候微软的企业形象落到谷底，盖茨这时候创立基金会转向慈善方向难免有作秀的嫌疑。

而招致非议最多的还在于基金会的运作模式。从一开始，盖茨基金会就将商业化的运作模式引入到基金会的管理中。盖茨基金会设有理事会，作用相当于商业公司的董事会，理事会下还设有首席执行官，负责具体工作的执行。目前基金会的首席执行官是杰夫·莱克斯，他曾经是微软公司的高管。

美国慈善基金会的运作方式与中国是不同的，他们并不是直接捐出自己手中的钱给穷苦的人。美国的慈善基金会是要赚钱的，是可以减免税收的，这就是其最基本的运作规则。也正是这一运作规则让很多人怀疑比尔·盖茨成立基金会只是为了免交巨额的财产税。像多数慈善机构一样，盖茨基金会每年将总资产的5%用于捐赠以避免支付更多的税收，另外95%的资产用于投资。很多人说，比尔·盖茨用了家族资产收益的一部分进行捐赠，并因此而免税，而自己家族的资金完好无损地保留在基金会里面的，既然不用花自己的钱，又换来了好名声，何乐而不为呢？

但是我们不能忽略的一点是在美国注册一个非营利性的组织比注册一个公司要麻烦多了，要经过很多审查才能通过。而且一旦注册为非营利组织，任何个人都不能随便提取组织里面的钱，所以盖茨的基金会可以说和比尔·盖茨本人的收入无关了。而关于盖茨基金会每年仅将总资产的5%用于捐赠，这是因为美国慈善组织每年允许捐出去的钱是有严格的比例的，一般是3~5％。如果每年可以随意地捐，那就相当于杀鸡取卵了。只有每年捐出合理的数量，才能保证机构的长期运作。

比尔·盖茨把基金会当作事业来经营，方方面面都管理得非常严谨。“比尔和梅琳达·盖茨基金会”里面虽然都是自家人，但是基金会里面权责分明，每一笔账都有特定的程序要完成。为了保障基金会的运作透明高效，比尔·盖茨制订了一系列的规章制度，如工作人员不能接受受益方赠送的任何礼品，遇到利害关系必须回避，工作人员家人不得申请基金会奖金；通过热线电话等形式接受外部监督；不得卷入政治事务，不向宗教组织和个人捐赠等。

此外，他给基金会的主要定位是“投资于那些不被资助的创新项目”。敢于做出这样的选择，一方面是因为他们有科技领域的背景，同时整个基金会的规模和能力可以让他们立足长远，在探索新方式上下更大的赌注。

作者手记

就像比尔·盖茨在大型计算机垄断市场的时代就已经预见到微机时代的到来一样，他在慈善这项事业上的立足点同样“高屋建瓴”。他清楚地明白市场机制可以促成各个领域的创新，但是自由运转的市场机制本质上是一个“为有钱人打工”的东西，因为穷人没有消费能力，无法形成市场。在高速运转的市场中，全球近10亿日支出不足1美元的贫困人口是被市场离心力不断边缘化甚至甩出去的那部分人。在这种情况下，直接提供给他们所需要的产品和服务，是一种解决办法，但是这并不能从根本上改变他们落后的局面。

比尔·盖茨的想法是建立一种制度体系，让这个体系吸引创新者和企业，让这些人赢利的同时，又让那些无法充分享受市场经济益处的人群生存境遇得到改善。他把这称之为“创意资本主义”，其实与中国的古语“授人以鱼不如授人以渔”有异曲同工之妙。